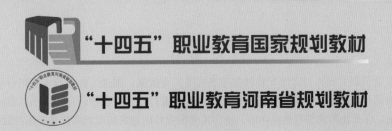

"十四五"职业教育国家规划教材

"十四五"职业教育河南省规划教材

工业机器人操作编程与运行维护——高级

主　编　王东辉　金宁宁　曹坤洋

副主编　马延立　张　柯　李　慧

参　编　刘　浪　张大维

北京理工大学出版社
BEIJING INSTITUTE OF TECHNOLOGY PRESS

内 容 简 介

本书的编写以《工业机器人操作与运维职业技能等级标准》为依据，围绕工业机器人应用行业领域工作岗位群的能力需求，充分融合课程教学特点与职业技能等级标准内容，进行整体内容的设计。全书以实际应用中典型工作任务为主线，以项目化、任务化形式整理教学内容，使学生掌握项目内包含的知识和任务实施技能。

本书内容包含工业机器人的校准及其异常处理、工业机器人视觉分拣工作站操作与编程、工业机器人焊接工作站操作与编程、工业机器人打磨抛光操作与编程、常用电机故障诊断和排除以及常用传感器故障诊断和排除，共计6个典型实训项目。项目包含若干任务，项目配备项目知识测评，任务均配备任务评价，便于教学成果的评价和重点内容的掌握。

本书适合用于"1+X"证书制度试点教学、相关专业课证融通课程的教学，也可以应用于工业机器人应用企业的培训等。

图书在版编目（C I P）数据

工业机器人操作编程与运行维护：高级 / 王东辉，
金宁宁，曹坤洋主编. -- 北京：北京理工大学出版社，
2021.11（2023.11重印）

ISBN 978 - 7 - 5763 - 0582 - 1

Ⅰ. ①工… Ⅱ. ①王… ②金… ③曹… Ⅲ. ①工业机
器人–程序设计–高等职业教育–教材 Ⅳ. ①TP242.2

中国版本图书馆CIP数据核字（2021）第221853号

责任编辑：陆世立	文案编辑：陆世立
责任校对：周瑞红	责任印制：边心超

出版发行 / 北京理工大学出版社有限责任公司
社　　址 / 北京市丰台区四合庄路6号
邮　　编 / 100070
电　　话 / （010）68914026（教材售后服务热线）
　　　　　　（010）68944437（课件售后服务热线）
网　　址 / http：//www.bitpress.com.cn

版 印 次 / 2023 年 11 月第 1 版第 3 次印刷
印　　刷 / 定州市新华印刷有限公司
开　　本 / 889mm×1194mm　1/16
印　　张 / 12
字　　数 / 240 千字
定　　价 / 45.00 元

前言 *Preface*

　　2019 年 4 月 10 日，教育部等四部委联合印发了《关于在院校实施"学历证书 + 若干职业技能等级证书"制度试点方案》，部署启动了"1+X"证书制度试点工作，以人才培养培训模式和评价模式改革为突破口，提高人才培养质量，夯实人才可持续发展基础。同年 6 月，发布了第二批试点工业机器人操作与运维等 10 个职业技能等级证书，与专业高度相关的职业技能等级证书的出现，为工业机器人专业的学生提供了可供遵循的职业技能标准。"1+X"证书制度是适应现代职业教育的制度创新衍生的，其目标是提高复合型技术技能人才培养与产业需求契合度，化解人才供需结构矛盾。路径是产教融合、校企合作，激励、引导行业企业深度参与职业教育人才培养全过程。核心是夯实职业人才成长基础，拓宽就业路径，提高就业质量。

　　2020 年 4 月 24 日，人力资源社会保障部会同市场监管总局、国家统计局发布了智能制造工程技术人员等 16 个新职业信息，数百万智能制造工程技术从业人员将以职业身份正式登上历史舞台。智能制造技术包括自动化、信息化、互联网和智能化四个层次，其中机器人产业是智能装备中不可或缺的重要组成部分。在人社部发布的《新职业——工业机器人系统运维员就业景气现状分析报告》中，机器人被誉为"制造业皇冠顶端的明珠"，是衡量一个国家创新能力和产业竞争力的重要标志，已成为全球新一轮科技和产业革命的重要切入点。报告指出，作为技术集成度高、应用环境复杂、操作维护较为专业的高端装备，有着多层次的人才需求。近年来，国内企业和科研机构加大机器人技术研究与本体研制方向的人才引进及培养力度，在硬件基础与技术水平上取得了显著提升，但现场调试、维护操作与运行管理等应用型人才的培养力度依然有所欠缺。

　　党的二十大报告指出，大国工匠和高技能人才是人才强国战略的重要组成部分。为了应对智能制造领域中工业机器人系统操作员及工业机器人系统运维员等新职业的人才需求缺口，完善人才战略布局，广大职业院校陆续开设了工业机器人相关的课程及专业，专业的建设需要不断加强与相关行业的有效对接，"1+X"证书制度试点是促进技术技能人才培养培训模式和评价模式改革、提高人才培养质量的重要举措。本套教材深化产教融合，强化北京华航唯实机器人科技股份有限公司"专精特新"小巨人企业科技创新地位，发挥其引领支撑作用，推进工业机器人产业链人才链深度融合。

河南职业技术学院参照"1+X"工业机器人操作与运维职业技能等级标准，协同北京华航唯实机器人科技股份有限公司、许昌职业技术学院共同开发了本套教材，河南职业技术学院王东辉、金宁宁、曹坤洋任主编。具体编写分工为：河南职业技术学院王东辉编写项目1和项目6，河南职业技术学院金宁宁编写项目3，河南职业技术学院曹坤洋编写项目4，许昌职业技术学院马延立编写项目5，河南职业技术学院张柯编写项目2，北京华航唯实机器人科技股份有限公司李慧负责统稿。本书在编写过程中得到了北京华航唯实机器人科技股份有限公司刘浪、张大维等工程师的帮助，他们参与了案例的设计等工作。同时我们还参阅了部分相关教材及技术文献内容，在此一并表示衷心的感谢。

本套教材分为初级、中级、高级三部分，以智能制造企业中工业机器人操作与运维岗位相关从业人员的职业素养、技能需求为依据，采用项目引领、任务驱动理念编写，以实际应用中典型工作任务为主线，配合实训流程，详细地剖析讲解工业机器人操作及运行维护所需要的知识及岗位技能，培养具有安全意识，能依据机械装配图、电气原理图和工艺指导文件完成工业机器人系统的安装、调试，以及工业机器人本体定期保养与维护、工业机器人基本程序操作的能力。

本书通过资源标签或者二维码链接形式提供了配套的学习资源，利用信息化技术，采用PPT、视频、动画等形式对书中的核心知识点和技能点进行深度剖析和详细讲解，降低了读者的学习难度，有效提高读者学习兴趣和学习效率。

由于编者水平有限，对于书中的不足之处，希望广大读者提出宝贵意见。

编　者

目录 Contents

项目1
工业机器人的校准及其异常处理

 **项目导言**

本项目围绕工业机器人维护维修岗位职责和企业实际生产中的工业机器人维护维修工作内容，就工业机器人校准和校准过程中的异常情况处理进行了详细的讲解，并设置了丰富的实训任务，使学生通过实操进一步熟悉工业机器人校准操作，并在操作中掌握校准故障的诊断方法。

项目目标

1. 培养工业机器人故障解决后的校准意识。
2. 培养对不同型号工业机器人常规校准方法的选择能力。
3. 培养能熟练使用校准工具的能力。
4. 培养能辨识工业机器人的校准异常现象以及相应的故障诊断能力。
5. 培养校准工具的检测方法，并且能够通过检测结果完成校准工具校准的能力。

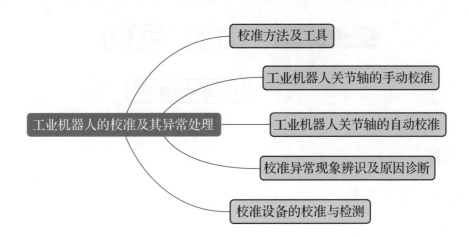

任务 1.1　校准方法及工具

任务描述

为实现工业机器人关节轴的顺利校准，需要了解工业机器人常规的校准方法。请根据每种校准方法的特点，找到其对应的校准工具，并能够熟练掌握校准工具的基本使用方法和存放方式。

任务目标

1. 熟知常用的校准工具。
2. 了解工业机器人常见的校准方法。
3. 能正确存放校准设备，能够熟练完成校准设备使用前的准备工作。

所需工具

校准板、内六角扳手（1套）、紧固螺钉、水平仪、校准摆锤（包含传感器线缆）、校准盘、安全操作指导书。

学时安排

建议学时共 4 学时，其中相关知识学习建议 2 学时，学员练习建议 2 学时。

工作流程

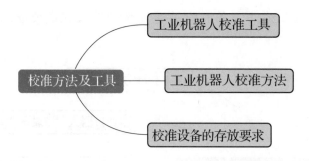

知识储备

1. 工业机器人校准工具

1）手动标定工具

手动标定工具主要用于小型工业机器人（如 ABB IRB 120）的零点标定。如图 1-1 所示，其主要包括内六角扳手、标定板、导销以及紧固螺钉。

内六角扳手   标定板

紧固螺钉   导销

图1-1 手动标定工具

2）自动标定工具

自动标定工具包括工业机器人通用型号的校准工具以及部分型号工业机器人特有的适配器。

（1）校准摆锤组件，校准摆锤组件见表1-1。

表1-1 校准摆锤组件

序号	名称	示意图	作用
1	校准摆锤		校准传感器、参照传感器
2	转动盘适配器		校准时安装在六轴法兰盘，用于连接校准摆锤。可以双向转动以适应 ABB IRB 52、IRB 140、IRB 1410、IRB 1600、IRB 1600ID、IRB 1520ID、IRB 2400、IRB 2600、IRB 4400、IRB 4450S 和 IRB 4600 型号的工业机器人
3	同步盘	—	—
4	校准盘		校准摆锤时的必备物件
5	电池		用作 leveltronic NT/41 的电池
6	螺纹丝锥（M8）		用于维修所有受损的保护盖连接孔
7	保护盖和紧固螺钉		用于更换任何受损的保护盖
8	定位销		零点标定时使用
9	校准杆		在传感器与工业机器人球阀之间起连接作用

（2）测量单元，又称水平仪，如图1-2所示。水平仪既可以用来读取校准摆锤中传感器的相关数值，也可用来校准传感器。

（3）异丙醇，用来清洁接触表面，以提高测试精度。

（4）适配器，如图1-3所示，便于在不同型号的工业机器人上安装校准摆锤。

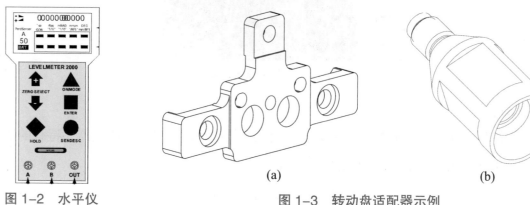

图1-2　水平仪

图1-3　转动盘适配器示例
（a）IRB 2600适配器；（b）IRB 760适配器

2. 工业机器人校准方法

工业机器人型号不同，可以使用的校准方法亦有不同，我们举例说明如下。

如图1-4（a）所示，IRB 120机型相对比较小，按下"制动闸释放"按钮之后可通过外力（人力）使其运动至零点标定的对应姿态，因此，对于此类小型工业机器人便可使用手动校准的方法，然后再进行转数计数器更新等操作。

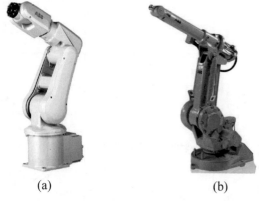

如图1-4（b）所示IRB 1410机型相对较大，如果按下"制动闸释放"按钮，通过外力使工业机器人保持姿态较为困难，危险度也将大大增加。因此，对于此类大型工业机器人优先选择自动校准的方法，即通过校准设备和工业机器人的自动校准程序实现零点标定。可以利用校准摆锤组件进行自动校准的工业机器人型号见表1-2。

图1-4　不同型号的工业机器人本体
（a）ABB IRB 120；（b）ABB IRB 1410

表1-2　支持自动校准的工业机器人型号

IRB 52	IRB 140	IRB 260	IRB 460	IRB 660
IRB 760	IRB 1410	IRB 1600	IRB 1520ID	IRB 2400
IRB 2600	IRB 4400	IRB 4600	IRB 6620	IRB 6620LX
IRB 6640	IRB 6650S	IRB 6660	IRB 6700	IRB 7600

另外，利用校准摆锤执行自动零点标定的工业机器人在下一次校准时，需要使用相同的方法，即如果之前工业机器人是用底座上的支架和转动盘适配器进行校准的，则当前需要继

续使用支架和适配器进行校准，否则校准值会出错。

3. 校准设备的存放要求

存放校准设备（主要为校准摆锤组件）时，需要将摆锤传感器存放在水平放置的便携包中，或存放在安装有水平放置的校准盘上的便携包中，存放位置及姿态如图1-5所示。

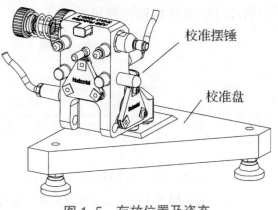

图1-5　存放位置及姿态

 任务实施

1.校准设备的连接

图1-6展示了校准设备的布局和连接关系。主计算机的扩展板有RS232串行通道，又名COM1，可用于与生产设备通信，也可用于与自动校准过程中水平仪与工业机器人的通信连接，具体相关的连接说明见表1-3。

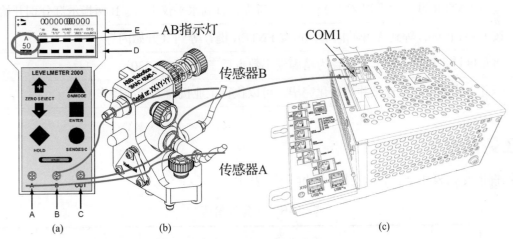

图1-6　校准设备连接关系
（a）水平仪；（b）校准摆锤；（c）工业机器人扩展板

表1-3　校准设备连接说明

标识	连接说明
A	连接传感器（Sensor）A
B	连接传感器（Sensor）B
C	连接工业机器人扩展板的COM1端口
D	选择指针
E	计量单位

2.校准设备的电气启动

注意：在启动水平仪5分钟之后才能进行校准，并且传感器A和传感器B必须有不同的通信地址。具体操作步骤见表 1-4。

表 1-4　校准设备的电器启动

序号	操作步骤
	一、启动水平仪（Levelmeter 2000）
1	使用标准工具包中所附的电缆连接水平仪和传感器
2	开启水平仪的电源。 电池模式：按住 ON/MODE，直到显示屏开始闪烁，从而开启水平仪。 外部模式：将电源线（红 / 黑）连接到 12-48V 直流电源即可
	二、连接水平仪
3	完成传感器 A 与传感器 B 的硬件连接，注意传感器上的连接位置标记有 A 和 B
4	通过 USB/RS232 适配器将水平仪的 OUT（connection SIO1）接口与控制柜内的 COM1 端口相连
	三、初始化水平仪
5	按 ON/MODE 按钮，以启动水平仪
6	反复按 ON/MODE 按钮，直到文本 SENSOR 被选中
7	按下 ENTER 键，然后按 ZERO/SELECT 箭头，直到水平仪上 A、B 两指示灯分别开始闪烁
8	按 ENTER 键，等到 A 开始闪烁；再按 ENTER 键，等到 B 开始闪烁
9	将角度计量单位（DEG）设置为精确到小数点后三位，如 0.330
10	至此，水平仪已经连接并初始化完毕，可以执行工业机器人校准操作

 **任务评价**

任务评价表见表 1-5，活动过程评价表见表 1-6。

表 1-5　任务评价表

评价项目	比例	配分	序号	评价要素	评分标准	自评	教师评价
6S职业素养	30%	30分	1	选用适合的工具实施任务，清理无须使用的工具	未执行扣 6 分		
			2	合理布置任务所需使用的工具，明确标识	未执行扣 6 分		
			3	清除工作场所内的脏污，发现设备异常立即记录并处理	未执行扣 6 分		
			4	规范操作，杜绝安全事故，确保任务实施质量	未执行扣 6 分		
			5	具有团队意识，小组成员分工协作，共同高质量完成任务	未执行扣 6 分		

评价项目	比例	配分	序号	评价要素	评分标准	自评	教师评价
校准方法及工具	70%	70分	1	认识工业机器人的校准工具，明确设备的存放方法	未掌握扣20分		
			2	掌握工业机器人的校准方法	未掌握扣10分		
			3	能够正确连接校准设备	未掌握扣20分		
			4	能够正确启动校准设备	未掌握扣20分		
合计							

表1-6　活动过程评价表

评价指标	评价要素	分数	分数评定
信息检索	能有效利用网络资源、工作手册查找有效信息；能用自己的语言有条理地去解释、表述所学知识；能将查找到的信息有效转换到工作中	10	
感知工作	是否熟悉各自的工作岗位，认同工作价值；在工作中，是否获得满足感	10	
参与状态	与教师、同学之间是否相互尊重、理解、平等；与教师、同学之间是否能够保持多向、丰富、适宜的信息交流。 探究学习、自主学习不流于形式，处理好合作学习和独立思考的关系，做到有效学习；能提出有意义的问题或能发表个人见解；能按要求正确操作；能够倾听、协作分享	20	
学习方法	工作计划、操作技能是否符合规范要求；是否获得了进一步发展的能力	10	
工作过程	遵守管理规程，操作过程符合现场管理要求；平时上课的出勤情况和每天完成工作任务情况；善于多角度思考问题，能主动发现、提出有价值的问题	15	
思维状态	是否能发现问题、提出问题、分析问题、解决问题	10	
自评反馈	按时按质完成工作任务；较好地掌握了专业知识点；具有较强的信息分析能力和理解能力；具有较为全面严谨的思维能力并能条理明晰地表述成文	25	
总分		100	

任务 1.2　工业机器人关节轴的手动校准

 **任务描述**

　　某工作站中一台工业机器人本体的关节轴在维护维修过程中完成了传动部件的更换，需要重新进行关节轴的校准，请根据实际情况查找工业机器人校准针脚的位置，并根据实训指导手册完成工业机器人关节轴的手动校准。

 **任务目标**

　　1. 了解工业机器人关节轴校准的适用情况。

　　2. 确认工业机器人的校准针脚位置。

　　3. 能够正确安装校准板。

　　4. 能够按照实训指导手册熟练进行工业机器人关节轴的手动校准。

 **所需工具**

　　校准板、内六角扳手（1 套）、紧固螺钉、导销、安全操作指导书。

 **学时安排**

　　建议学时共 4 学时，其中相关知识学习建议 2 学时，学员练习建议 2 学时。

 **工作流程**

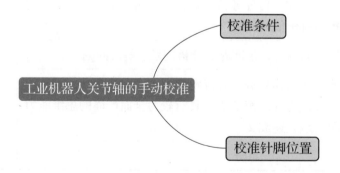

 **知识储备**

　　1. 校准条件

　　工业机器人的六个伺服电机都有唯一固定的机械原点，错误地设定工业机器人机械原点将会造成工业机器人动作受限、错误动作、无法走直线等问题。严重的会损害工业机器人本体。只有在工业机器人得到充分和正确标定零点时，才能达到它最高的点精度和轨迹精度，即完全能够以编程设定的动作运动。

手动校准，也可狭义地称为零点标定，是通过释放工业机器人电机抱闸，手动将工业机器人各关节轴旋转到校准位置，重新定义零点位置进而实现校准的方法。在标定时，可以仅对工业机器人的某一轴进行校准。在标定后的验证过程中，还需要用到示教器生成工业机器人新零位的校准程序。

原则上，工业机器人在投入运行时必须时刻处于零点已标定的状态。工业机器人在发生以下任何一种情况时，必须重新进行零点标定。

（1）编码器值发生更改，当更换工业机器人影响校准位置的部件时，如电机或传输部件，编码器值会更改。

（2）编码器内存记忆丢失（原因：电池放电、出现转数计数器错误、转数计数器和测量电路板间信号中断）。

（3）重新组装工业机器人，例如在碰撞后或更改工业机器人的工作范围时，需要重新校准新的编码器值。

（4）控制系统断开时，移动了工业机器人关节轴。

2. 校准针脚位置

将需要进行零点标定的轴的校准针脚上的阻尼器卸下来，然后按住"制动闸释放"按钮，手动将工业机器人各转轴按特定方向（见图1-7和表1-7）转动，直至其上的校准针脚（如图1-8至图1-10所示）相互接触（校准位置对准）后，释放"制动闸释放"按钮，此时完成了机械位置的校正。

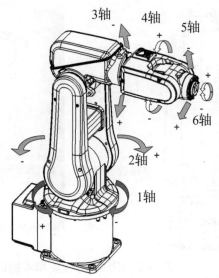

图1-7　工业机器人各轴旋转正方向

表1-7　关节轴零点标定旋转方向

关节轴	旋转方向及角度
1轴	−170.2°
2轴	−115.1°
3轴	75.8°
4轴	−174.7°
5轴	−90°
6轴	90°

不同型号的工业机器人的校准针脚位置会有所不同；不同厂家的工业机器人校准方法也会有所差异，具体的可以查阅所需校准的工业机器人的产品手册。

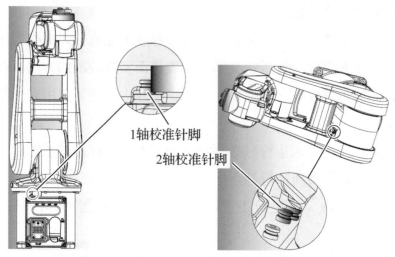

1轴校准针脚

2轴校准针脚

图 1-8　IRB 120 1 轴和 2 轴的校准针脚

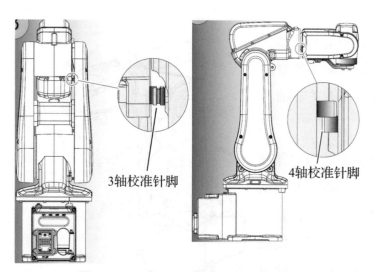

3轴校准针脚

4轴校准针脚

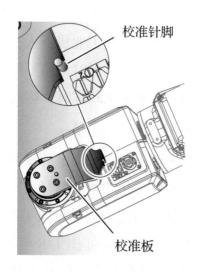

校准针脚

校准板

图 1-9　IRB 120 3 轴和 4 轴的校准针脚　　　　图 1-10　IRB 120 5 轴和 6 轴的校准针脚

任务实施

机械位置校正后，在示教器上选择"微校"，即可进行对应关节轴的零点标定操作。对于 ABB IRB 120 型号工业机器人的 5 轴和 6 轴是需要通过校准工具进行零点标定的。其他几个关节轴，无须使用工具便可以单独进行轴的零点标定。

接下来，我们将以工业机器人（ABB IRB 120）5 轴和 6 轴的校准为例，具体介绍手动方法进行零点标定的操作方法和步骤，具体步骤如下。

（1）使用内六角扳手，将校准工具通过导销和紧固螺钉，安装到工业机器人的第 6 关节轴上，如图 1-11 所示。

（2）按照图 1-12 所示方法，托住工业机器人，以免工业机器人制动闸释放时突然跌落。

图 1-11 安装校准工具到第 6 关节轴

图 1-12 托住工业机器人

（3）按下"制动闸释放"按钮，如图 1-13 所示。

（4）手动旋转第 5 关节轴和第 6 关节轴，直至手腕上的校准针脚（工业机器人的校准针脚位置，请查阅工业机器人产品手册）与校准工具相互接触，如图 1-14 所示。

图 1-13 按下"制动闸释放"按钮

图 1-14 手腕上的校准针脚与校准工具相互接触

（5）工业机器人 5 轴和 6 轴旋转到校准位置后，松开"制动闸释放"按钮，点击示教器主菜单界面中的"校准"。

手动校准工业机器人关节轴

（6）在界面中选择对应的机械单元（ROB_1），点击图 1-15 图示位置，进入手动方法校准界面。

（7）在界面中，选择校准参数，然后点击"微校 …"，如图 1-16 所示。

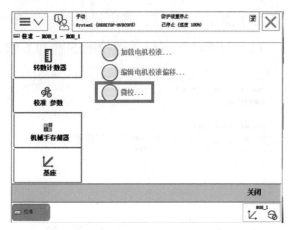

图 1-15 选择手动方法（高级）　　　　图 1-16 点击"微校 …"

（8）在弹出的图示界面中，点击"是"。

（9）按照图 1-17 所示，勾选上需要进行微校的 5 轴和 6 轴，并点击"校准"。

（10）弹出图 1-18 所示界面，点击"校准"。

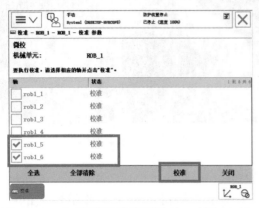
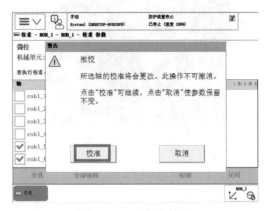

图 1-17　勾选需要进行微校的 5 轴和 6 轴　　　　　图 1-18　确认校准

（11）点击图 1-19 界面中的"确定"。在手动模式下运行如下程序。

> MoveAbsJ jpos20\NoEOffs,v1000,fine,tool0，运行之后 5 轴和 6 轴上的同步标记应匹配对齐。
> 其中 jpos20 的位置参数值为 [0,0,0,0,0,0],[9E9,9E9,9E9,9E9,9E9,9E9]。

（12）然后在手动方法界面，选择如图 1-20 所示的"更新转数计数器…"，点击弹出界面中的"是"。

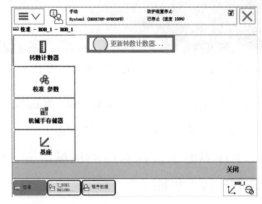

图 1-19　确定完成校准　　　　　　　　　　图 1-20　选择"更新转数计数器…"

（13）点击"确定"，确定机械单元为 ROB_1，如图 1-21 所示。

（14）勾选已经进行了微校的 5 轴和 6 轴，并点击"更新"，如图 1-22 所示。

图 1-21　确定机械单元为 ROB_1　　　　图 1-22　勾选上已经进行了微校的 5 轴和 6 轴

（15）在弹出的界面中，点击"更新"，如图 1-23 所示。

（16）然后在弹窗中点击"确定"，完成更新转数计数器的操作。

（17）校准任何工业机器人关节轴后请务必验证结果，以验证所有校准位置的正确性。在更新转数计数器后，进入校准参数选项界面，点击"编辑电机校准偏移 ..."，如图 1-24 所示。

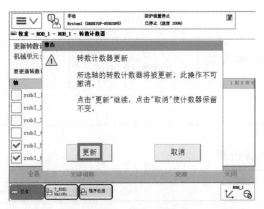
图 1-23　点击"更新"

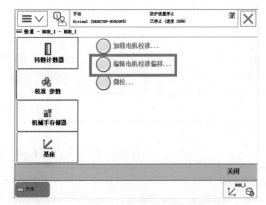
图 1-24　点击"编辑电机校准偏移 ..."

（18）将校准后的 5 轴和 6 轴的值写在新标签上，然后贴在工业机器人本体的校准标签上。

（19）最后使用内六角扳手，将校准工具从 6 轴法兰盘上拆下，完成 5 轴和 6 轴的手动校准。

 任务评价

任务评价表见表 1-8，活动过程评价表见表 1-9。

表 1-8　任务评价表

评价项目	比例	配分	序号	评价要素	评分标准	自评	教师评价
6S职业素养	30%	30分	1	选用适合的工具实施任务，清理无须使用的工具	未执行扣 6 分		
			2	合理布置任务所需使用的工具，明确标识	未执行扣 6 分		
			3	清除工作场所内的脏污，发现设备异常立即记录并处理	未执行扣 6 分		
			4	规范操作，杜绝安全事故，确保任务实施质量	未执行扣 6 分		
			5	具有团队意识，小组成员分工协作，共同高质量完成任务	未执行扣 6 分		

评价项目	比例	配分	序号	评价要素	评分标准	自评	教师评价
工业机器人关节轴的手动校准	70%	70分	1	明确工业机器人关节校准的条件	未掌握扣10分		
			2	掌握工业机器人校准针脚的位置	未掌握扣30分		
			3	能够正确完成工业机器人关节轴的手动校准	未掌握扣30分		
合计							

表1-9 活动过程评价表

评价指标	评价要素	分数	分数评定
信息检索	能有效利用网络资源、工作手册查找有效信息；能用自己的语言有条理地去解释、表述所学知识；能将查找到的信息有效转换到工作中	10	
感知工作	是否熟悉各自的工作岗位，认同工作价值；在工作中，是否获得满足感	10	
参与状态	与教师、同学之间是否相互尊重、理解、平等；与教师、同学之间是否能够保持多向、丰富、适宜的信息交流。 探究学习、自主学习不流于形式，处理好合作学习和独立思考的关系，做到有效学习；能提出有意义的问题或能发表个人见解；能按要求正确操作；能够倾听、协作分享	20	
学习方法	工作计划、操作技能是否符合规范要求；是否获得了进一步发展的能力	10	
工作过程	遵守管理规程，操作过程符合现场管理要求；平时上课的出勤情况和每天完成工作任务情况；善于多角度思考问题，能主动发现、提出有价值的问题	15	
思维状态	是否能发现问题、提出问题、分析问题、解决问题	10	
自评反馈	按时按质完成工作任务；较好地掌握了专业知识点；具有较强的信息分析能力和理解能力；具有较为全面严谨的思维能力并能条理明晰地表述成文	25	
总分		100	

任务 1.3　工业机器人关节轴的自动校准

任务描述

某工作站使用过程中一台工业机器人本体由于更换了减速机之后，出现绝对定位精度较差的现象，工业机器人的负载较重，基本不能实现手动校准。请根据实际情况安装校准传感器，并根据实训指导手册完成工业机器人关节轴的自动校准，校准之后还需要进行零点的验证。

任务目标

1. 能根据工业机器人型号正确选择并安装适配器。
2. 根据摆锤安装位置图能够正确安装校准传感器。
3. 掌握校准工具（摆锤组件）的使用方法。
4. 能够熟练完成校准前的准备工作。
5. 能够按照操作步骤熟练进行工业机器人关节轴的自动校准。

所需工具

十字螺丝刀、一字螺丝刀、内六角扳手（1套）、紧固螺钉、水平仪、校准摆锤（包含传感器线缆），适配器。

学时安排

建议学时共8学时，其中相关知识学习建议4学时，学员练习建议4学时。

工作流程

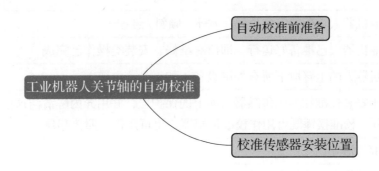

在校准程序中，首先在参照平面上测量传感器的位置，然后将摆锤校准传感器放在每根轴上，工业机器人达到其校准位置，从而使传感器差值接近于零。

此处展示 Calibration Pendulum 方法来校准工业机器人。我们以 ABB IRB 1410 为例，详细阐述工业机器人自动零点标定的实现方法。校准时工业机器人确保在地面安装（或悬挂安装），倾斜度不能超过 ±5°。其余校准条件与手动校准基本一致。

 知识储备

1. 自动校准前准备

1）安装位置要求

在利用摆锤校准工具对工业机器人进行自动校准时，考虑到工业机器人各部件的自动倾向，对工业机器人的安装位置有一定的要求。工业机器人可以安装在倾斜位置、悬挂位置或在竖直墙壁的位置。具体的工业机器人自动校准时安装要求见表 1-10。

表 1-10　工业机器人自动校准时的安装要求

工业机器人安装位置	摆锤工具是否适用	具体要求
地面安装	适用	工业机器人倾斜度不能超过 ±5°
倾斜	适用，但最大倾斜度为 ±5°	如果工业机器人倾斜度超过 ±5°，则必须将机器人拆卸下来并固定在水平地面上
墙壁安装	不适用，必须将工业机器人拆卸下来并固定在地面上	将工业机器人拆卸下来并固定在水平地面上
悬挂	适用	工业机器人倾斜度不能超过 ±5°，必须在水平仪上设置参数"Gravity Beta"，以便校准摆锤组件可以检测出工业机器人处于悬挂状态

2）校准前的准备

自动校准工业机器人准备任务操作步骤见表 1-11。

表 1-11　自动校准工业机器人准备任务操作步骤

序号	操作步骤
1	确认工业机器人正确的安装位置（水平 / 倾斜 / 悬挂）
2	确认工业机器人已准备好运行，即所有维修、安装类操作已完成
3	从工业机器人的上臂取下所有外围设备（如工具、电缆）
4	取下用于安装校准和参照传感器表面上的保护盖，并用异丙醇清洁这些表面 注意：同一校准摆锤既可用作校准传感器，也可用作参照传感器
5	用异丙醇清洁导销孔
6	连接校准设备和工业机器人控制器，并启动水平仪
7	准备完成

2. 校准传感器安装位置

校准摆锤既可以用作参照传感器，也可以用作校准传感器，只是需要注意，校准摆锤一次只能安装在一个位置。下面我们以 ABB IRB 1410 型号工业机器人为例来说明摆锤分别作为参考传感器和校准传感器的安装位置。

1）参考传感器安装示意

如图 1-25 所示，为校准摆锤用作参考传感器时的安装示意位置。其中，当摆锤安装到垂直平面上即工业机器人底座上有支架时，需要在上紧摆锤紧固螺钉的同时，轻轻按下摆锤。如图 1-25（c）所示，需要注意两个定位销居中，并解除支架的下空边缘。在定位销的上方和边上应该有一点点活动空间。在上紧摆锤紧固螺钉时，不要用力把摆锤外壳推到侧边上。

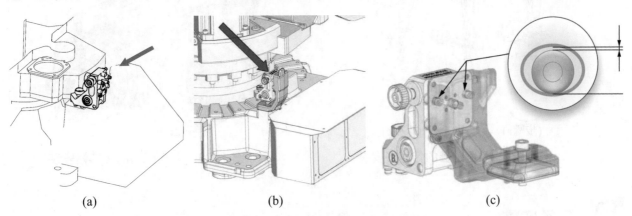

(a)　　　　　　　(b)　　　　　　　(c)

图 1-25　参考传感器安装位置

（a）IRB 1410，底座无支架；（b）IRB 6620，底座有支架；（c）垂直平面安装紧固形式

2）校准传感器安装示意

如图 1-26 所示，为校准摆锤用作校准传感器时的安装示意位置。

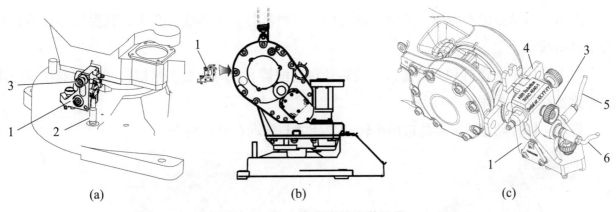

(a)　　　　　　　(b)　　　　　　　(c)

图 1-26　校准传感器的安装位置

（a）1 轴校准位；（b）2 轴校准位；（c）3、4、5、6 轴校准位（包含转动盘适配器）

1—校准传感器；2—定位销（68 mm）；3—传感器锁紧螺丝；4—转动盘适配器；

5—传感器 B 线缆；6—传感器 A 线缆

注意：当工业机器人处于悬挂位置时，在校准 1 轴时需要抵着定位销向下按摆锤，然后将其固定在位。

3）无转动盘适配器时的传感器安装

如图1-27所示，对于无须安装转动盘适配器的某些型号（如 IRB 6700）的工业机器人，需要先将校准摆锤安装在轴关节处，上紧锁紧螺丝（步骤 a），然后压缩弹簧并逆时针旋转校准摆锤（步骤 b），在逆时针转动结束时，可将校准摆锤放入其校准位置（步骤 c）。

4）有转动盘适配器时的传感器安装

如图1-28所示，用异丙醇清洁适配器表面和传感器支架上的三个接触点表面，然后用螺钉将传感器安装到适配器上并上紧螺钉。

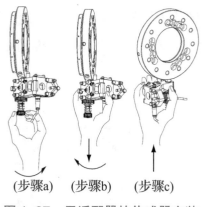

(步骤a)　(步骤b)　(步骤c)

图1-27　无适配器的传感器安装

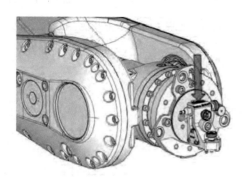

图1-28　有适配器的传感器安装

 任务实施

1. 安装适配器

（1）用异丙醇清洁转动盘和转动盘适配器的安装面，然后将导销安装到转动盘上，如图1-29所示。

提示：如果导销不能插入转动盘的孔中，应将其打磨至能插入孔中，且保证导销不会在孔中自由活动。

（2）使用锥形螺钉和两个螺钉安装转动盘适配器。此时不要上紧螺钉，适配器在下一步需要微量移动，如图1-30所示。

提示：将转动盘适配器的边向内转动，使之与转动盘开口吻合。

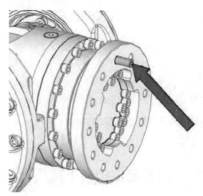

图1-29　将导销安装到转动盘上

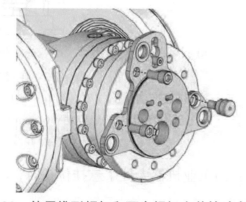

图1-30　使用锥形螺钉和两个螺钉安装转动盘适配器

（3）上紧锥形螺钉使得适配器被压到右边，固定到导销，如图 1-31 所示。

（4）上紧两个固定适配器的螺钉（图 1-32），适配器安装完毕。

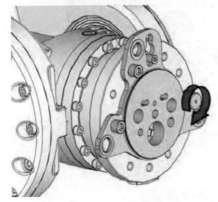

图 1-31　上紧锥形螺钉

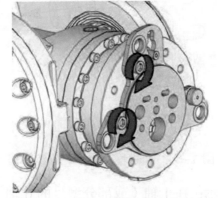

图 1-32　上紧两个固定适配器的螺钉

2. 自动校准工业机器人

1）校准注意事项

（1）用异丙醇清洁工业机器人和校准摆锤的所有接触面。

（2）检查并确认在工业机器人上安装校准摆锤的孔中没有润滑油和颗粒。

（3）校准期间，工业机器人的上臂必须与外围设备断开连接或与其他器件的安装。

（4）不要触摸传感器或校准摆锤上的电缆。

（5）当校准摆锤安装在工业机器人上时，确认摆锤的电缆不是固定悬挂的。

（6）将校准摆锤安装到（大型工业机器人）法兰盘上时，尽可能将螺丝拧紧，保证螺丝锥面要与法兰盘锥面紧密贴合。

2）自动校准

自动校准过程必须按照升序校准轴，即 1—2—3—4—5—6。如图 1-33 所示，为工业机器人各关节轴的校准位置。具体自动校准操作步骤如下。

（1）粗略待校准的工业机器人关节轴，使其接近正确的校准位置，相应位置参考图 1-33。

（2）更新转数计数器（粗略校准）。

（3）将定位销安装到工业机器人基座中（仅 1 轴或部分型号的 6 轴）。

（4）此处以 1 轴为例（部分型号是 6 轴）

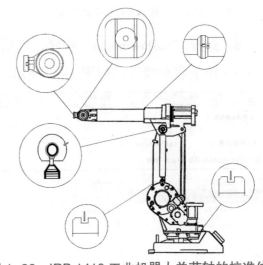

图 1-33　IRB 1410 工业机器人关节轴的校准位置

讲解校准前校准摆锤的准备过程。通过移动内手轮压缩弹簧（轴向运动），如图 1-34 所示。

（5）在轴上顺时针旋转内手轮，已将弹簧锁在压缩位置，如图 1-35 所示。

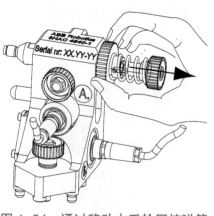

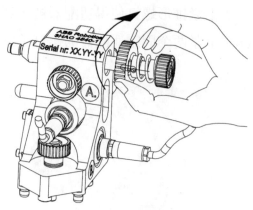

图 1-34　通过移动内手轮压缩弹簧　　　　　　　图 1-35　旋转内手轮

提示：在 1 轴（或部分型号的 6 轴）校准之后即可释放弹簧。

（6）在示教器主菜单选择程序编辑器，然后点击"调试"按钮，将程序指针移至 main 程序，如图 1-36 所示。

（7）点击"调用例行程序 …"，如图 1-37 所示。

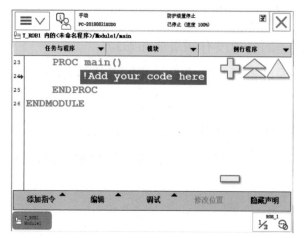

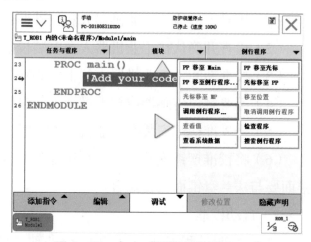

图 1-36　将程序指针移至 main 程序　　　　　图 1-37　点击"调用例行程序 …"

（8）选择"CalPendelum"程序，然后点击"转到"按钮，如图 1-38 所示。

（9）按下启动按钮，如图 1-39 所示。

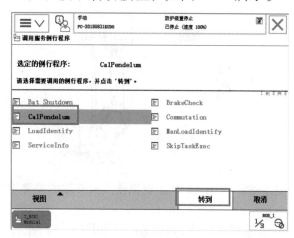

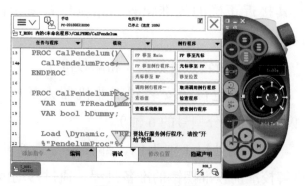

图 1-38　选择"CalPendelum"程序　　　　　图 1-39　启动程序

（10）选择"CalPend"，如图 1-40 所示。

（11）点击"OK"，如图 1-41 所示。

图 1-40　选择"CalPend"　　　　　　　图 1-41　点击"OK"

（12）可以在选择菜单中选择校准轴的模式。如图 1-42 所示，可以选择 [0]，校准所有轴；也可以选择 [1]，在 2 轴至 6 轴零点准确的基础上校准 1 轴；或是选择 [2]，在 3 轴至 6 轴零点准确的基础上，校准 2 轴。

（13）如图 1-43 所示，我们选择校准所有轴，点击"Accept"。

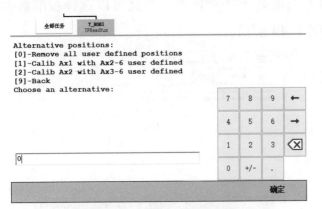

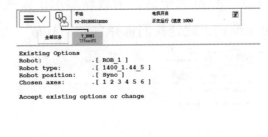

图 1-42　选择校准轴的模式　　　　　　图 1-43　选择校准所有轴

（14）安装好传感器并进行传感器的校准，校准后点击"OK"，如图 1-44 所示。

（15）再次点击"OK"，工业机器人便开始校准运动，如图 1-45 所示。

图 1-44　校准后确认　　　　　　　　　图 1-45　确认以开始工业机器人校准运动

（16）将校准摆锤安装在 1 轴校准位，点击"OK"，执行 1 轴的校准，如图 1-46 所示。

（17）将校准摆锤安装在 2 轴校准位，点击"OK"，执行 2 轴的校准，如图 1-47 所示。

图 1-46　确认 1 轴校准　　　　　　　图 1-47　确认 2 轴校准

（18）将校准摆锤安装在法兰盘的适配器上，点击"OK"，执行 3、4、5、6 轴的校准，如图 1-48 所示。

（19）点击"OK"（确定），许多信息窗口将在示教器上短暂闪过，在显示具体操作之前不用采取任何操作。

（20）校准完毕后，示教器显示工业机器人当前处于零点位置，在此可以选择校准数据的记录模式，此处我们选择自动"Auto"，如图 1-49 所示。

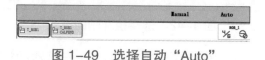

图 1-48　确认其余轴的校准开始　　　　图 1-49　选择自动"Auto"

（21）校准完毕后，选择"Yes"即可保存校准后各轴的参数，如图 1-50 所示。

（22）选择保存的位置，可以选择保存至外部存储设备（点击"USB："），也可以选择保存至系统（点击"HOME："），如图 1-51 所示。

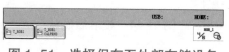

图 1-50　选择是否保存校准后各轴的参数　　　图 1-51　选择保存至外部存储设备

（23）运行两次工业机器人自动校准程序。至此，自动校准已完毕。

3.验证校准及检查零位

校准工业机器人（任何型号）后需要验证校准结果，以验证所有校准位置是否正确。检查零点的方式主要有两种：其一是使用"MoveAbsJ"指令的方式；其二是利用示教器中"手动操纵"窗口的方式，即手动控制法。以下将分别介绍这两种方式，具体操作步骤如下。

1）"MoveAbsJ"指令法

（1）点击主菜单中的"程序编辑器"选项。

（2）添加"MoveAbsJ"指令。

（3）点位数据如图1-52所示。

（4）以手动模式运行该程序。然后检查轴校准标记是否正确对准，如果没有对准需要重新执行自动校准流程。

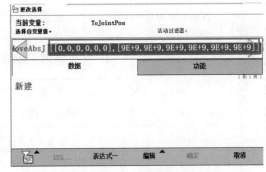

图1-52　点位数据

注意：若再次校准后依然不能达到要求，则需要检查校准设备。

2）手动操纵法

（1）点击主菜单中的"手动操纵"选项。

（2）选择要完成校准的轴，然后对工业机器人进行单轴移动操作。

（3）将工业机器人手动运行至关节轴转角为零的姿态（在示教器手动操纵界面上可以查看关节轴的转角）。检查同步位标记是否正确对准，如果没有对准则需要重新执行自动校准流程。

注意：若再次校准后依然不能达到要求，则需要检查校准设备。

 任务评价

任务评价表见表1-12，活动过程评价表见表1-13。

表1-12　任务评价表

评价项目	比例	配分	序号	评价要素	评分标准	自评	教师评价
6S职业素养	30%	30分	1	选用适合的工具实施任务，清理无须使用的工具	未执行扣6分		
			2	合理布置任务所需使用的工具，明确标识	未执行扣6分		
			3	清除工作场所内的脏污，发现设备异常立即记录并处理	未执行扣6分		
			4	规范操作，杜绝安全事故，确保任务实施质量	未执行扣6分		
			5	具有团队意识，小组成员分工协作，共同高质量完成任务	未执行扣6分		

续表

评价项目	比例	配分	序号	评价要素	评分标准	自评	教师评价
工业机器人关节轴的自动校准	70%	70分	1	能做好自动校准前的准备工作	未掌握扣10分		
			2	掌握工业机器人校准传感器的安装位置	未掌握扣10分		
			3	能够正确安装适配器	未掌握扣15分		
			4	能够正确完成工业机器人的自动校准	未掌握扣20分		
			5	能够完成工业机器人自动校准后的验证，检查零位	未掌握扣15分		
合计							

表 1-13　活动过程评价表

评价指标	评价要素	分数	分数评定
信息检索	能有效利用网络资源、工作手册查找有效信息；能用自己的语言有条理地去解释、表述所学知识；能将查找到的信息有效转换到工作中	10	
感知工作	是否熟悉各自的工作岗位，认同工作价值；在工作中，是否获得满足感	10	
参与状态	与教师、同学之间是否相互尊重、理解、平等；与教师、同学之间是否能够保持多向、丰富、适宜的信息交流。 探究学习、自主学习不流于形式，处理好合作学习和独立思考的关系，做到有效学习；能提出有意义的问题或能发表个人见解；能按要求正确操作；能够倾听、协作分享	20	
学习方法	工作计划、操作技能是否符合规范要求；是否获得了进一步发展的能力	10	
工作过程	遵守管理规程，操作过程符合现场管理要求；平时上课的出勤情况和每天完成工作任务情况；善于多角度思考问题，能主动发现、提出有价值的问题	15	
思维状态	是否能发现问题、提出问题、分析问题、解决问题	10	
自评反馈	按时按质完成工作任务；较好地掌握了专业知识点；具有较强的信息分析能力和理解能力；具有较为全面严谨的思维能力并能条理明晰地表述成文	25	
总分		100	

任务 1.4　校准异常现象辨识及原因诊断

 任务描述

当工业机器人完成校准后，仍然有可能发生一些与校准相关的异常报错，严重限制工业机器人的功能，如不能按照编程设定的点进行运动，不能保证绝对定位精度和重复定位精度，不能正常使用工业机器人等。本任务将展示与校准异常相关的几种情况，并对这些异常情况做出相应的诊断，以便有效排除各类异常情况。

 任务目标

1. 能够通过示教器事件日志中的提示，识别是否为校准异常。

2. 当示教器事件日志中出现校准相关报错时，能判断是否为工业机器人系统内部通信的原因。

3. 能够通过工业机器人运行状态判断是否校准异常。

 所需工具

安全操作指导书。

 学时安排

建议学时共 6 学时，其中相关知识学习建议 4 学时，学员练习建议 2 学时。

 工作流程

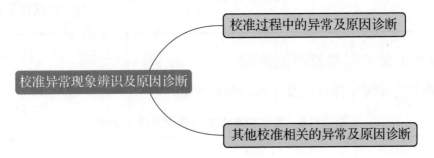

 任务实施

1. 校准过程中的异常及原因诊断

校准过程中的异常事件日志及原因诊断参见表 1-14。

表 1-14　校准过程中的异常及原因诊断

序号	错误代码	说明	解决方案
1	50032，不允许该命令	在电机上电（MOTORS ON）状态尝试校准	更改为电机下电（MOTORS OFF）状态
2	50198，校准失败	由于未知的原点切换，校准时出现内部错误	（1）向 ABB 报告此问题。（2）重新执行校准
3	50241，缺少函数	未购买"绝对精度"功能	将机器人系统参数"使用机器人校准"更改为 uncalib
4	50244，AbsAcc 校准失败	无法执行机器人 arg 的 AbsAcc 校准，返回状态 arg	（1）重新启动控制器。（2）检查确保硬盘未满。（3）安装更多存储器
5	50268，校准失败	不允许校准伺服工具：arg 位置为负	校准前调整伺服工具
6	50370，向工业机器人存储器传输数据失败	由于 SMB 断开，机械单元 arg 不允许从控制器向工业机器人存储器传输数据或传输中断。SMB 在校准或手动移动数据到工业机器人存储器之前或之中被断开	SMB 重新连接后，重试校准或手动将数据从控制器移到工业机器人存储器
7	50427，校准后关节未同步	在对使用备用校准位置的关节 arg 进行微调后，关节未移动至更新转数计数器的正常同步位置。系统将在下次重新启动或上电时取消同步关节	在用于清除转数计数器的正常位置清除转数计数器
8	50477，轴校准数据缺失	机械单元 arg 使用轴校准来校准，但控制器缺少配置参数。无法执行轴校准服务例行程序	确保轴校准配置已加载到控制器存储器。确认数据存在于备份中

2. 其他校准相关的异常及原因诊断

校准其他相关的异常事件日志及原因诊断参见表 1-15。

表 1-15　其他校准相关的异常及原因诊断

序号	错误代码	说明	解决方案
1	20269，SC arg 电机校准数据错误	尚未将任何校准数据下载到驱动模块 arg 上的安全控制器（SC）中，或者数据错误	将电机校准数据下载到安全控制器（SC）

续表

序号	错误代码	说明	解决方案
2	20462，SC arg 未找到校准偏移	检索安全控制器（SC）arg 的电机校准偏移失败	下载新的校正偏移到 SC 中
3	38101，SMB 通信故障	系统进入"系统故障"状态并丢失校准消息。 原因包括接触不良或电缆（屏蔽）损坏，特别是采用非 ABB 专用附加轴电缆时。也可能是因为串行测量电路板或轴计算机出现故障	参阅工业机器人产品手册中的详细说明，重新设置工业机器人的转数计数器： （1）确保串行测量电路板和轴计算机之间的电缆正确连接且符合 ABB 设定的规格。 （2）确保电缆屏蔽两端正确连接。 （3）确保工业机器人接线附近无极度电磁干扰辐射。 （4）确保串行测量电路板和轴计算机正常工作。更换故障单元
4	38102，内部故障	系统进入"系统故障"状态并丢失校准消息。 这可能是由于工业机器人单元的某些短暂干扰或者轴计算机错误导致的	重新启动系统： （1）按工业机器人产品手册中的说明重置工业机器人的转数计数器。 （2）确保靠近工业机器人线路的区域没有强电磁干扰。 （3）确保轴计算机工作完全正常。更换任何故障部件
5	50053，转数计数器的差异过大	接点 arg 的转数计数器差异过大。系统检测到串行测量电路板上的。 转数计数器实际值与系统预期值相差过大。 工业机器人未校准，并可以手动微动控制，但无法执行自动操作。 可能是电源关闭时手动更改了工业机器人手臂的位置。另外也可能是串行测量电路板、分解器或电缆故障	更新转数计数器： （1）检查分解器和电缆。 （2）检查串行测量电路板，判定其是否存在故障。更换有故障的单元
6	50242，由于 CFG 数据的原因而未同步	控制柜与关节数据（校准偏移或校准位置）不匹配，或者校准偏移的标记有效，或者 cfg 中的换向偏移不为真（true）	更新测量系统： （1）更新转数计数器。 （2）重新校准关节。 （3）更改 cfg 数据

 **任务评价**

任务评价表见表 1-16，活动过程评价表见表 1-17。

表 1-16 任务评价表

评价项目	比例	配分	序号	评价要素	评分标准	自评	教师评价
6S 职业素养	30%	30分	1	选用适合的工具实施任务，清理无须使用的工具	未执行扣 6 分		
			2	合理布置任务所需使用的工具，明确标识	未执行扣 6 分		
			3	清除工作场所内的脏污，发现设备异常立即记录并处理	未执行扣 6 分		
			4	规范操作，杜绝安全事故，确保任务实施质量	未执行扣 6 分		
			5	具有团队意识，小组成员分工协作，共同高质量完成任务	未执行扣 6 分		
校准异常现象辨识及原因诊断	70%	70分	1	能根据校准过程中的错误代码，诊断校准异常原因	未掌握扣 20 分		
			2	能处理校准过程中的故障	未掌握扣 20 分		
			3	能根据其他校准相关错误代码，诊断并排除故障，保障校准顺利进行	未掌握扣 30 分		
合计							

表 1-17 活动过程评价表

评价指标	评价要素	分数	分数评定
信息检索	能有效利用网络资源、工作手册查找有效信息；能用自己的语言有条理地去解释、表述所学知识；能将查找到的信息有效转换到工作中	10	
感知工作	是否熟悉各自的工作岗位，认同工作价值；在工作中，是否获得满足感	10	
参与状态	与教师、同学之间是否相互尊重、理解、平等；与教师、同学之间是否能够保持多向、丰富、适宜的信息交流。 探究学习、自主学习不流于形式，处理好合作学习和独立思考的关系，做到有效学习；能提出有意义的问题或能发表个人见解；能按要求正确操作；能够倾听、协作分享	20	
学习方法	工作计划、操作技能是否符合规范要求；是否获得了进一步发展的能力	10	

续表

评价指标	评价要素	分数	分数评定
工作过程	遵守管理规程，操作过程符合现场管理要求；平时上课的出勤情况和每天完成工作任务情况；善于多角度思考问题，能主动发现、提出有价值的问题	15	
思维状态	是否能发现问题、提出问题、分析问题、解决问题	10	
自评反馈	按时按质完成工作任务；较好地掌握了专业知识点；具有较强的信息分析能力和理解能力；具有较为全面严谨的思维能力并能条理明晰地表述成文	25	
总分		100	

任务 1.5　校准设备的校准与检测

 任务描述

　　工业机器人的校准设备（校准摆锤和水平仪）由于长时间的搁置，且摆锤传感器存放姿态不当，频繁出现工业机器人校准误差较大的情况，此时需要用到水平仪，根据实训指导手册进行摆锤传感器的校准，以便更精确地校准工业机器人的零点位置。校准摆锤传感器之后还需要进行检测，以保证传感器的精度在一定范围之内，方可满足传感器的校准要求。

 任务目标

　　1. 确认校准盘的摆放姿态。
　　2. 根据安装位置图能够正确固定校准盘并安装校准支架、摆锤传感器。
　　3. 根据校准步骤能够利用水平仪校准摆出传感器。
　　4. 掌握检测校准设备精度的方法。

 所需工具

　　十字螺丝刀、内六角扳手（1 套）、水平仪、校准摆锤（包含传感器线缆）、校准支架、校准盘。

 学时安排

　　建议学时共 6 学时，其中相关知识学习建议 2 学时，学员练习建议 4 学时。

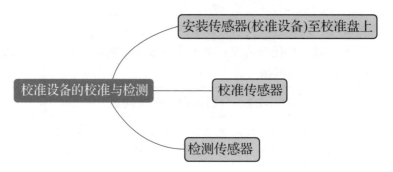

工作流程

任务实施

如果在一段时间内未曾使用过传感器，或者摆锤经过了运输，请使用水平仪校准传感器，以取得适当的校准结果。在以下两种情况中，可以重新校准传感器：其一，可先对传感器进行检查，当两传感器显示误差相差太大时，即可进行重新校准；其二，传感器校准的结果将保存在水平仪中，在更换水平仪时也需要重新校准传感器。

1. 安装传感器（校准设备）至校准盘上

校准传感器需要将其安装在特别的校准盘上，包括校准摆锤组件，然后在水平仪上运行校准步骤。如果摆锤作为参照传感器安装在与校准支架垂直的平面上，则传感器必须也安装在与校准盘垂直的平面上。

1）工业机器人有校准支架的安装

当工业机器人的底座上有校准支架时，则需要将传感器安装在与校准盘垂直的平面来校准。安装有校准支架的工业机器人型号有 IRB 4600、IRB 6620、IRB 6640、IRB 6700、IRB 7600 等。如图 1-53 所示，为 IRB 4600 工业机器人的安装示意位置。

2）工业机器人无校准支架的安装

（1）水平校准安装。如图 1-54 所示，校准摆锤安装在相对校准盘水平的平面上，具体操作方法见表 1-18。

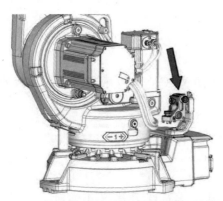

图 1-53 有校准支架的传感器安装
（IRB 4600 工业机器人）

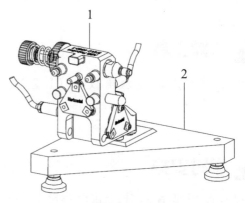

图 1-54 传感器安装在水平校准盘上
1—校准摆锤；2—校准盘

表 1-18 传感器水平安装任务操作表

序号	操作步骤
1	先将校准盘在平稳的底座上放好,在校准期间校准盘不能移动
2	用异丙醇清洁校准盘表面和传感器支架上的三个接触面点
3	将传感器安装到两个可能的位置之一,然后拧紧螺钉

(2)垂直校准安装。如图 1-55 所示,校准摆锤安装在相对校准盘垂直的平面上。这种情况在摆锤作为参照传感器安装到垂直平面上时使用。具体操作步骤见表 1-19。

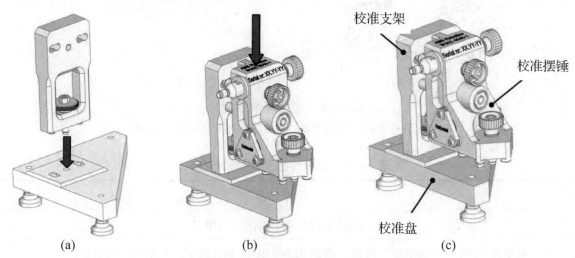

图 1-55 传感器安装在垂直校准盘上
(a)安装校准支架;(b)安装校准摆锤;(c)上紧紧固螺钉

表 1-19 传感器垂直安装任务操作表

序号	操作步骤
1	用异丙醇清洁校准盘
2	用螺钉将支架安装到校准盘上,然后将校准盘在平稳的底座(如台钳)上放好
3	用异丙醇清洁支架表面和传感器上的三个接触点表面
4	在上紧传感器的紧固螺钉时轻轻向下按传感器,将其固定在两个可能位置的其中之一。注意:在上紧螺钉时,不要用力把摆锤外壳推到两侧边上

2. 校准传感器

传感器正确安装至校准盘之后便可执行校准过程。校准传感器的操作主要分为两部分,其一为选择要校准的传感器,其二为对应传感器的校准。图 1-56 所示为校准过程中校准摆锤的姿态变化,具体操作步骤见表 1-20。

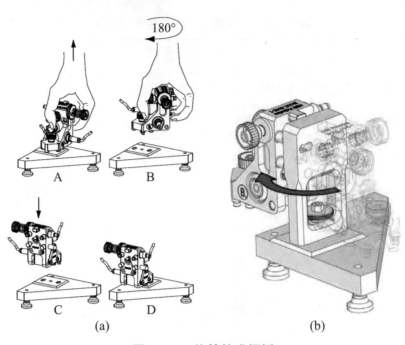

图 1-56　旋转校准摆锤

（a）旋转水平面安装的摆锤；（b）旋转垂直面安装的摆锤

表 1-20　校准传感器任务操作表

序号	操作步骤
	一、选择要校准的传感器（A/B）
1	重复按 "ON" / "MODE" 按钮，直到 SENSOR 文本被选中，然后按 "ENTER"
2	反复按 "ZERO" / "SELECT" 按钮，直到 Port/Sensor 下方显示出闪烁的 "A" 字样。 提示：若要校准传感器 B，则需要选择 "B" 字样
3	按下 "ENTER" 键，等到 "A" 字样停止闪烁后又开始闪烁为止
4	按 "ENTER" 键
	二、执行校准
5	反复按 "ON" / "MODE" 按钮，直到文本 ZERO 被选中
6	按 "ENTER" 键。随即将显示方向指示灯（+/-）和最后的零偏差。等待数秒，以便传感器趋于稳定
7	按 "HOLD" 键。等到 ZERO 下方的指示灯开始闪烁
8	如图 1-56（a）所示，小心地取下传感器（校准摆锤），将其旋转 180°，然后将其安装到校准盘上的相应孔径中。慢慢小心转动，以防改变传感器的值，等待数秒直至传感器稳定
9	按 "HOLD" 键，等待数秒，以便出现新的零偏差
10	按 "ENTER" 键，完成传感器 A 的校准
11	参照上述步骤 1 至 10，完成传感器 B 的校准

3. 检测传感器

手动校准传感器之后，需要检测传感器，以使传感器的精度满足校准要求。检测时传感器的安装方式要与校准时传感器的安装方式一致，具体步骤见表1-21。

表1-21　检测传感器任务操作表

序号	操作步骤
1	调整水平仪，以便在 Port/Sensor 下方显示出"A B"（不闪烁）。 注意：此时看到（A B），而不是（A–B）
2	等待数秒直到传感器稳定，读取水平仪所显示的值。 注意：从此步骤开始，不要改变校准盘的位置
3	小心地取下传感器（校准摆锤），将其旋转180°，然后将其安装到校准盘上的相应孔径中。慢慢小心转动，以防改变传感器的值，等待数秒直指传感器稳定
4	读取 A 和 B 的值，将读数与步骤2中获得的读数相比较。如果 A 或 B 的读数与之相差0.002以上，或极性相同，则必须重新校准传感器

 **任务评价**

任务评价表见表1-22，活动过程评价表见表1-23。

表1-22　任务评价表

评价项目	比例	配分	序号	评价要素	评分标准	自评	教师评价
6S职业素养	30%	30分	1	选用适合的工具实施任务，清理无须使用的工具	未执行扣6分		
			2	合理布置任务所需使用的工具，明确标识	未执行扣6分		
			3	清除工作场所内的脏污，发现设备异常立即记录并处理	未执行扣6分		
			4	规范操作，杜绝安全事故，确保任务实施质量	未执行扣6分		
			5	具有团队意识，小组成员分工协作，共同高质量完成任务	未执行扣6分		
工业机器人关节轴的自动校准	70%	70分	1	能够正确地将传感器安装到校准盘上	未掌握扣30分		
			2	能够正确地校准传感器	未掌握扣20分		
			3	能够按照标准流程检测传感器	未掌握扣20分		
合计							

表 1-23 活动过程评价表

评价指标	评价要素	分数	分数评定
信息检索	能有效利用网络资源、工作手册查找有效信息；能用自己的语言有条理地去解释、表述所学知识；能将查找到的信息有效转换到工作中	10	
感知工作	是否熟悉各自的工作岗位，认同工作价值；在工作中，是否获得满足感	10	
参与状态	与教师、同学之间是否相互尊重、理解、平等；与教师、同学之间是否能够保持多向、丰富、适宜的信息交流。 探究学习、自主学习不流于形式，处理好合作学习和独立思考的关系，做到有效学习；能提出有意义的问题或能发表个人见解；能按要求正确操作；能够倾听、协作分享	20	
学习方法	工作计划、操作技能是否符合规范要求；是否获得了进一步发展的能力	10	
工作过程	遵守管理规程，操作过程符合现场管理要求；平时上课的出勤情况和每天完成工作任务情况；善于多角度思考问题，能主动发现、提出有价值的问题	15	
思维状态	是否能发现问题、提出问题、分析问题、解决问题	10	
自评反馈	按时按质完成工作任务；较好地掌握了专业知识点；具有较强的信息分析能力和理解能力；具有较为全面严谨的思维能力并能条理明晰地表述成文	25	
总分		100	

项目知识测评

1. 单选题

（1）关于转动盘适配器的安装位置及作用，下列说法正确的是（　　）。

A. 安装在工业机器人第 6 轴法兰盘位置，只能用以校准第 6 轴的零点位置

B. 安装在工业机器人的第 1 轴位置，可以用以校准所有轴的零点位置

C. 安装在工业机器人第 6 轴法兰盘位置，主要用以校准第 4、5、6 轴的零点位置

D. 工业机器人只要不安装转动盘适配器，就无法进行关节轴的零点标定

（2）测量单元，又称水平仪，需要与校准摆锤配合使用方能发挥相应的工业机器人校准功能。关于水平仪的具体功能，下列说法正确的是（　　）。

A. 水平仪只能读取校准摆锤中传感器的数值

B. 水平仪只能用来校准校准摆锤中的传感器

C. 水平仪可以显示工业机器人当前关节轴的位置

D. 校准摆锤既可以用来校准传感器，又可以用来标定工业机器人的零点位置

（3）在手动标定工业机器人零点时，校准针脚的位置非常重要。右图中箭头所示位置为工业机器人哪个轴的针脚？（　　）

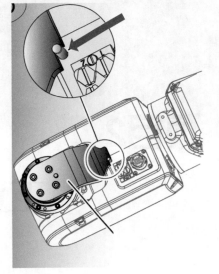

A. 4 轴　　　　　　　　　　　　B. 5 轴

C. 6 轴　　　　　　　　　　　　D. 5 轴和 6 轴

（4）在自动校准工业机器人之前，需要确认当前的校准条件。下列校准前的准备事项中操作不当的是（　　）。

A. 确认工业机器人的安装位置

B. 用异丙醇清洁校准设备的安装表面

C. 确认工业机器人上无外围设备

D. 用润滑油涂在导销孔表面便于安装适配器

2. 多选题

（1）在对小型工业机器人（如 IRB 120）进行手动零点标定时，需要用到下列哪些工具？（　　）

A. 标定板　　　　　B. 导销　　　　　C. 校准摆锤组件　　　D. 紧固螺钉

（2）在开启水平仪时既可以采用电池模式，也可以采用外部模式。当采用外部模式时，可以连接到下列哪几种类型的电源上？（　　）

A. 24 V 直流电源　　　　　　　　B. 36 V 交流电源

C. 36 V 直流电源　　　　　　　　D. 220 V 交流电源

（3）在安装转动盘适配器过程中，下列说法或操作不当的是（　　）。

A. 为保证校准精度，转动盘和适配器的安装面需要使用异丙醇来清洁

B. 适配器的定位装置除了导销，还有锥形螺钉

C. 如果导销不能插入转动盘的孔中，可以将转动盘孔打磨，以保证导销可以在孔中自由活动

D. 将导销安装完毕之后，即可上紧紧固螺钉来固定转动盘适配器

3. 判断题

（1）ABB IRB 1410 型号工业机器人适合手动零点标定的校准方式，操作人员只需佩戴安全帽即可。　　　　　　　　　　　　　　　　　　　　　　（　　）

（2）水平仪在进行初始化操作时，需要先与校准摆锤的传感器相连接。　（　　）

（3）工业机器人第 6 轴的自动校准都需要通过转动盘适配器来固定校准摆锤。（　　）

（4）ABB IRB 120 型号工业机器人的所有关节轴都需要标定板来进行零点标定。（　　）

项目2

工业机器人视觉分拣工作站
操作与编程

 **项目导言**

　　本项目围绕工业机器人周边附件设备的安装和企业实际生产中视觉分拣的工作内容，就视觉单元和视觉分拣方法的应用进行了详细的讲解，并设置了丰富的实训任务，使学生通过实操进一步熟练应用视觉分拣的编程方式和操作思路。

项目目标

　　1. 培养工业机器人与视觉系统集成应用的意识。

　　2. 培养安装工业机器人辅助设备的动手能力。

　　3. 培养能够对不同工件设置对应视觉检测模板的操作能力。

　　4. 培养在分拣工艺中进行视觉检测判定的编程逻辑思维。

　　5. 培养分拣工艺中视觉应用的相关调试技能。

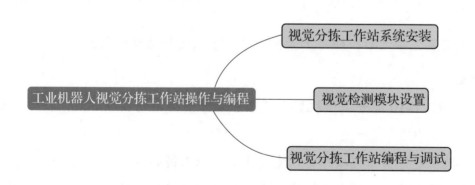

任务2.1　视觉分拣工作站系统安装

 任务描述

某工作站当前已具有装配单元，但由于装配工件的多样化，需要利用视觉单元进行工件外观的检测判定，以集成视觉分拣工作站，进而对原有设备进行相关功能的升级。本任务要求根据实训指导手册进行视觉分拣工作站的优化布局和电气连接，并为该工作站安装视觉单元，从而为视觉检测做铺垫。

 任务目标

1. 了解视觉分拣系统的组成及功能。
2. 能够通过分拣工艺的实施优化系统运行的节拍。
3. 完成视觉单元的电气连接。
4. 能够熟练安装视觉检测软件。

 所需工具

十字螺丝刀、安全操作指导书、视觉软件安装包。

 学时安排

建议学时共 6 学时，其中相关知识学习建议 2 学时，学员练习建议 4 学时。

 工作流程

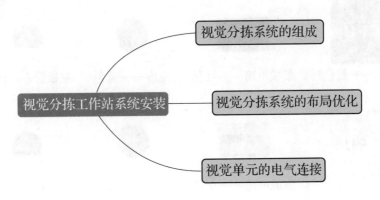

知识储备

1. 视觉分拣系统的组成

如图 2-1 所示，视觉分拣系统主要由四部分组成，分别为工业机器人、异形芯片原料料盘、视觉检测系统、安装检测工装单元，各部分功能如下详述。

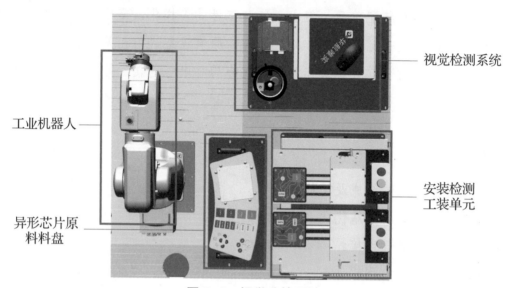

图 2-1　视觉分拣系统

1）工业机器人

工业机器人末端装有吸盘工具，用来完成异形芯片原料料盘中物料的取放和转移。

2）异形芯片原料料盘

异形芯片原料料盘（以下简称料盘），主要提供形状和颜色各异的芯片物料，芯片将被安装至安装检测工装单元的 PCB 电路板中，来模拟电路主板的安装过程。

如图 2-2 所示，主要包括 CPU（正方形——蓝色、白色）、集成电路（矩形——红色、灰色）、电容（圆形——蓝色、黄色）、三极管（半圆形——黄色、红色）。

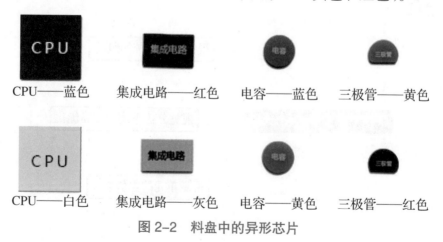

图 2-2　料盘中的异形芯片

3）视觉检测系统

视觉检测系统用来检测料盘中的异形芯片的外观特征。视觉检测系统与机器人进行通信，从而将检测过程值或检测结果发送至上层控制器，进而决策整个工艺流程的实施方向。在本案例中，主要对异形芯片的形状和颜色进行检测。

视觉检测系统目前主要分为两种，即智能视觉和 PC 式机器视觉。本工作台的检测单元搭建的便是 PC 式机器视觉系统。如图 2-3 所示，PC 式机器视觉系统是一种基于计算机（一般为工业 PC）的视觉系统，一般由光源、光学镜头、CCD 或 CMOS 相机、图像采集卡（通常链接在工业 PC 机的扩展卡槽处）、传感器、图像处理软件、控制单元以及一台工业 PC 机（视觉控制器）构成。此类系统一般尺寸较大，结构较为复杂，但可以实现理想的检测精度及速度。各部分组件的主要功能见表 2-1，PC 式机器视觉系统见图 2-3。

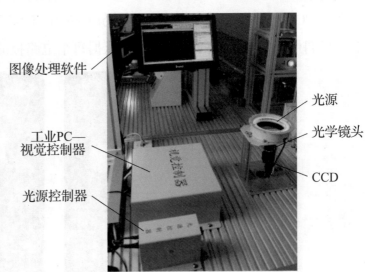

图 2-3　PC 式机器视觉系统

表 2-1　PC 式视觉系统各组件功能

序号	组件	功能
1	光源	辅助成像器件，对成像质量的好坏起关键作用
2	光学镜头	成像器件，通常的视觉系统都是由一套或者多套这样的成像系统组成的。如果有多路相机，可能由图像卡切换来获取图像数据，也可通过同步控制来同时获取多相机通道的数据
3	相机	
4	图像采集卡	通常以插入板卡的形式安装在 PC 中，其主要功能是把相机输出的图像输送给电脑主机。它将来自相机的模拟或数字信号转换成一定格式的图像数据流，同时它可以控制相机的一些参数，比如触发信号、曝光 / 积分时间、快门速度等
5	传感器	通常以光纤开关、接近开关等的形式出现，用以判断被测对象的位置和状态，告知图像传感器进行正确的采集
6	图像处理软件	图像处理软件用来完成对输入的图像数据的处理，然后通过一定的运算得出结果，这个输出的结果可能是 PASS/FAIL 信号、坐标位置、字符串等
7	控制单元	包含 I/O、运动控制、电平转化单元等。图像处理软件完成图像分析（除非仅用于监控）后，需要和外部单元进行通信以辅助完成对生产过程的控制
8	PC	电脑是一个 PC 式视觉系统的核心，在这里完成图像数据的处理和绝大部分的控制逻辑

在实际的应用中，针对不同的检测任务，PC式机器视觉系统的组件可有不同程度的增加或删减。例如，在本工作台中，检测单元检测功能的触发由机器人来控制，在构建视觉系统时可不需要传感器组件。

4）安装检测工装单元

如图2-4所示，在本视觉分拣工艺中，安装检测工装单元（以下简称安装单元）中有两种类型PCB电路板，完成视觉检测的异形芯片将被安装至电路板的对应位置。在实训过程中，我们可以针对不同的检测结果，依据每个电路板的安装特点设置不同的安装工艺。

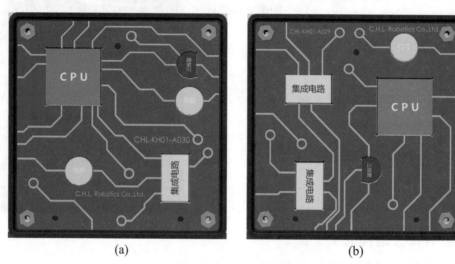

(a)   (b)

图2-4　PCB电路板

（a）电路板A；（b）电路板B

在此我们可以设置不同的案例，为后续分拣工艺做参考。

（1）颜色检测：检测物料均为CPU，主要根据颜色来决定其安装位置。当CPU颜色为蓝色时，安装至电路板A的CPU位置；当CPU颜色为白色时，安装至电路板B的CPU位置。

（2）形状检测：机器人检测的取料不确定，主要根据形状来决定其安装位置。当物料形状为正方形时，放置在电路板A上的CPU位置；当物料形状不是正方形时，放置在电路板的另一个指定位置处。

2. 视觉分拣系统的布局优化

各工艺的实施都是按照预先设计好的工艺流程进行下去的，视觉分拣工艺也不例外。如图2-5所示为视觉分拣的大致流程。

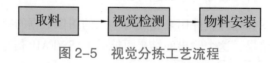

图2-5　视觉分拣工艺流程

评价视觉分拣系统的布局主要考虑以下三方面的因素：多工位布局无干涉、单工位工作点位可达、自动化节拍紧凑。只有综合考虑了这些因素，才会有相对较为合理的系统布局。由于本工作站涉及的单元工位较多，在考虑整体布局优化时并不能保证局部的布局是最优的，在此我们只针对视觉检测的一些需要避免的布局情况进行说明。

1）多工位布局无干涉

如图2-6所示，此种布局原为缩短检测点位至安装工位的距离，但是如此一来，在工业机器人放置物料时，会与视觉检测系统的光源发生干涉，引发碰撞故障。

2）单工位工作点位可达

图2-7中的红色虚线为工业机器人的工作范围边界。视觉分拣系统的检测点位已经超出工业机器人的可达范围，将会造成轴超限等故障。因此，要保持视觉分拣系统中各工作点位均在工业机器人可达范围之内。

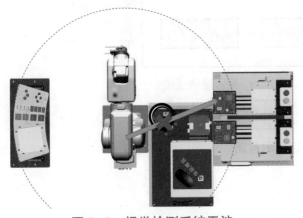 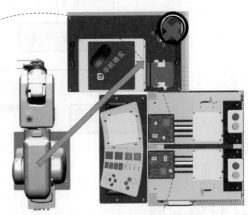

图2-6 视觉检测系统干涉　　　　图2-7 视觉检测点位不可达

3）自动化节拍紧凑

自动化过程可以从运行速度、工艺流程优化、运动路径等角度来优化，从而使得节拍更加紧凑，有效提高自动化执行效率，我们以运动路径为例来进行说明。如图2-8（a）所示，机器人抓取物料后，先进行视觉检测，然后再将物料放置在安装单元。其运动路径与图2-8（b）所示路径相比较长，重复路径也较多。因此相比之下我们选择布局二所示的布局则有利于提高自动化执行节奏。

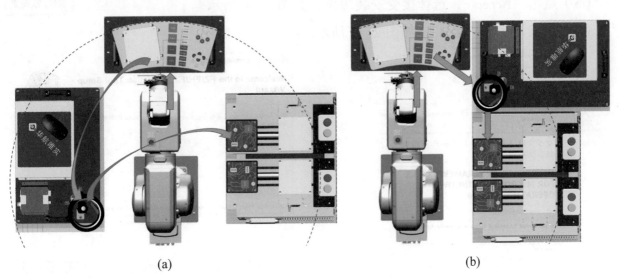

(a)　　　　　　　　　　　　　　　(b)

图2-8 视觉检测节拍示意图
（a）布局一；（b）布局二

3. 视觉单元的电气连接

此部分主要展示视觉单元接入装配工作站之后，组成分拣工作站的方法。如图 2-9 所示，视觉单元内部光源控制器与视觉控制器在控制架构上相对独立：视觉控制器与工业机器人之间采用并行通信，而光源控制器由 PLC 通过 I/O 直接控制其启动。在接入时只需将视觉单元的电源插头插入工作站电源插座，即可保证两控制器正常启动。具体的连接设置详见任务 2.2。

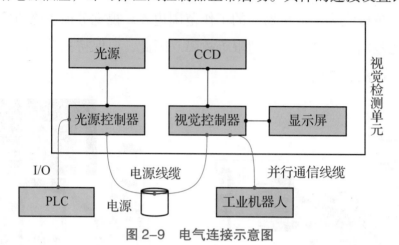

图 2-9　电气连接示意图

 **任务实施**

视觉检测软件可以用来完成对输入图像数据的处理，然后输出图像处理结果，诸如工件面积、长度尺寸、数量、是否符合模板设定标准等参数。另外，该软件中也可对视觉检测流程进行逻辑编辑，以完成符合各种检测工艺要求的检测模板。以下将详细介绍欧姆龙视觉软件的安装，具体操作步骤如下。

（1）在官网下载视觉检测软件。

（2）打开软件安装包，点击安装应用"setup.exe"。

（3）点击"Accept"，选择接受安装协议，如图 2-10 所示。

（4）点击下一步"Next"，如图 2-11 所示。

安装视觉检测软件（欧姆龙）

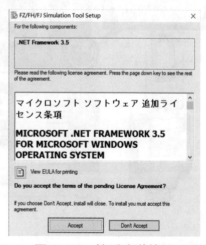

图 2-10　接受安装协议

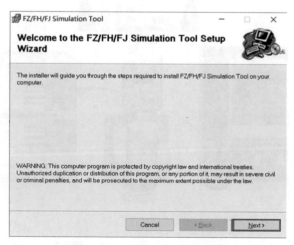

图 2-11　下一步"Next"

（5）选择"I Agree"，点击"Next"，如图 2-12 所示。

（6）选择软件要安装的位置，图示安装在 PC 的"D 盘"，点击"Next"，如图 2-13 所示。

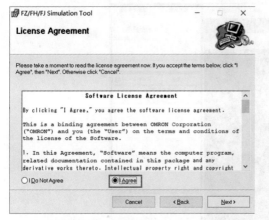

图 2-12　选择"I Agree"

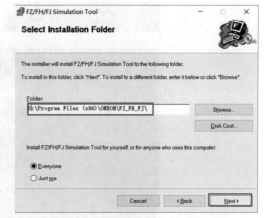

图 2-13　选择软件要安装的位置

（7）点击下一步"Next"，如图 2-14 所示。

（8）安装完毕，关闭安装窗口，如图 2-15 所示。

图 2-14　点击下一步"Next"开始安装

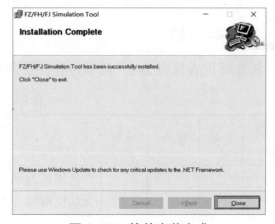

图 2-15　软件安装完成

（9）安装完成后，在电脑桌面上将生成如图 2-16 所示图标。

（10）第一次启动时需要设置软件的显示语言，图 2-17 所示设置为简体中文"Simplified Chinese"。

图 2-16　视觉软件快捷方式

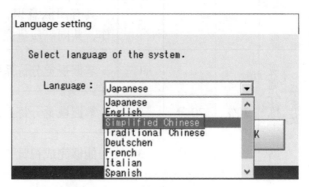

图 2-17　设置软件的显示语言

（11）打开软件，可以正常使用，如图2-18所示。

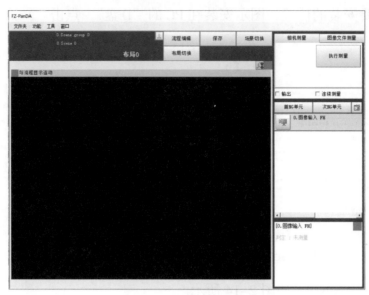

图2-18　软件界面

 任务评价

任务评价表见表2-2，活动过程评价表见表2-3。

表2-2　任务评价表

评价项目	比例	配分	序号	评价要素	评分标准	自评	教师评价
6S职业素养	30%	30分	1	选用适合的工具实施任务，清理无须使用的工具	未执行扣6分		
			2	合理布置任务所需使用的工具，明确标识	未执行扣6分		
			3	清除工作场所内的脏污，发现设备异常立即记录并处理	未执行扣6分		
			4	规范操作，杜绝安全事故，确保任务实施质量	未执行扣6分		
			5	具有团队意识，小组成员分工协作，共同高质量完成任务	未执行扣6分		
视觉分拣工作站系统安装	70%	70分	1	掌握视觉分拣系统的组成及功能	未掌握扣20分		
			2	掌握视觉分拣系统布局优化方式	未掌握扣20分		
			3	能够完成视觉检测软件的安装	未掌握扣30分		
合计							

表2-3 活动过程评价表

评价指标	评价要素	分数	分数评定
信息检索	能有效利用网络资源、工作手册查找有效信息；能用自己的语言有条理地去解释、表述所学知识；能将查找到的信息有效转换到工作中	10	
感知工作	是否熟悉各自的工作岗位，认同工作价值；在工作中，是否获得满足感	10	
参与状态	与教师、同学之间是否相互尊重、理解、平等；与教师、同学之间是否能够保持多向、丰富、适宜的信息交流。 探究学习、自主学习不流于形式，处理好合作学习和独立思考的关系，做到有效学习；能提出有意义的问题或能发表个人见解；能按要求正确操作；能够倾听、协作分享	20	
学习方法	工作计划、操作技能是否符合规范要求；是否获得了进一步发展的能力	10	
工作过程	遵守管理规程，操作过程符合现场管理要求；平时上课的出勤情况和每天完成工作任务情况；善于多角度思考问题，能主动发现、提出有价值的问题	15	
思维状态	是否能发现问题、提出问题、分析问题、解决问题	10	
自评反馈	按时按质完成工作任务；较好地掌握了专业知识点；具有较强的信息分析能力和理解能力；具有较为全面严谨的思维能力并能条理明晰地表述成文	25	
总分		100	

任务 2.2 视觉检测模块设置

任务描述

视觉分拣工作站安装完成后，还需要针对视觉检测系统进行两方面的设置，其一为视觉系统与工业机器人的通信设置；其二为工件进行视觉检测的模板设置。根据实训指导手册设置完成后方可进行工件的自动化检测。

任务目标

1. 能够进行视觉通信线缆的连接。

2. 能够进行 IP 设置等通信设置，实现视觉控制器和工业机器人的通信。

3. 能够设置工件的颜色检测模板。

4. 能够设置工件的形状检测模板。

所需工具

并行通信线、安全操作指导书。

学时安排

建议学时共 6 学时，其中相关知识学习建议 2 学时，学员练习建议 4 学时。

工作流程

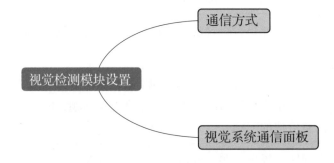

知识储备

对于视觉系统而言，通信非常重要，它是共享数据、支持决策和实现高效率一体化流程的一种方式。视觉控制系统的上位机通常是 PC、PLC 或工业机器人控制柜。在联网后，视觉系统可以向 PC 传输检测结果以进行进一步分析。工业中更常见的是直接传输给集成过程控制系统的 PLC、工业机器人和其他工厂自动化设备。

1. 通信方式

不同品牌的视觉控制系统有其支持的不同通信方式，不同品牌的 PLC 及工业机器人控制柜也有不同的接口。要把视觉系统集成到工厂的 PLC、机器人或其他自动化装置上，需要找到一种二者相互支持的通信方式或协议。利用工业机器人、PC 等外部装置，可通过各种通信协议来控制视觉控制器。如图 2-19 所示，本检测单元使用的视觉系统可以实现并行通信、PLC LINK、EtherNet/IP、EtherCAT、无协议（TCP）等通信方式。此处我们

图 2-19　视觉控制器的通信方式

主要针对并行通信、串行通信和工业以太网（无协议 TCP）通信三种方式着重说明。

1）并行通信

通过并行接口，在视觉系统和外部装置之间进行通信。

2）串行通信

通过 RS-232 或 RS-485 串行接口，可以用于与绝大多数的工业机器人控制器通信。

3）工业以太网通信

允许通过以太网连接 PLC 和其他装置，无须复杂的接线方案和价格高昂的网络网关。

上述三种通信方式各自的优缺点见表 2-4。

表 2-4　视觉系统不同通信方式的优缺点

通信方式	并行通信	串行通信	工业以太网通信
优势	多位数据一起传输，传输速度很快	使用的数据线少，在远距离通信中可以节约通信成本。 不存在信号线之间的串扰，而且串行通信还可以采用低压差分信号，可以大大提高它的抗干扰性，实现更高的传输速率	实时性强。就是说，一定的时间内发送一个指令一定要被处理，不然系统就会丢失数据
缺点	需要与内存位相匹配的数据线数量，成本很高。 在高速传输状态下，并行接口的几根数据线之间存在串扰，而并行接口需要信号同时发送同时接收，任何一根数据线的延迟都会引起问题	每次只能传输一位数据，传输速度比较低	对周边温度、干扰要求会更高

2. 视觉系统通信面板

进行视觉系统的并行通信设置时，会进行相关输入、输出端口的设置及关联。如图 2-20 所示，对于输入状态栏的 STEP0 至 STEP7、DSA0 至 DSA7、DI0 至 DI7、DI LINE0 至 DI LINE2 输入端口，显示从外部装置向视觉控制器输入的各信号输入状态，在有信号输入时，其背景颜色变为红色。对于输出状态栏的 RUN、ERR、BUSY 等输出端口，显示各信号的输出状态，在有信号输出时，背景颜色变为红色。另外，对于这些输出端口，即使未执行实际视觉检测，也可以模拟变更 ON/OFF、0 和 1 的状态，为后续任务视觉通信的检测手段提供操作依据。各端口的详细功能见表 2-5。

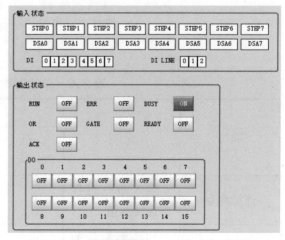

图 2-20　视觉通信输入、输出状态界面

表 2-5 视觉通信输入、输出状态端口功能说明（部分）

类型	信号	信号名称	功能
输入	STEP	测量触发	由外部设备输入，在 STEP 信号启动（OFF/ON）时，执行 1 次测量
	DSA	数据输出请求信号	同步交换进行输出控制时使用，要求将测量流程中执行的数据结果输出到外部
	DI0 至 DI7	命令	从外部装置输入命令，具体用法详见表 2-6
	DI LINE0 至 DI LINE2	命令输入线路指定信号	指定作为对象的线路编号，多线程随即触发模式时可以使用
	ENC	编码器输入（A 相、B 相、Z 相）	编码器输入用信号
输出	RUN	测量模式中 ON 输出信号	通知信号，表示视觉控制器是否处于运行模式
	BUSY	处理执行中信号	通知信号，表示无法接收外部的输入
	OR	综合判定结果信号	输出综合判定结果
	DO0 至 DO15	数据输出信号	输出在输出单元的［并行判定输出］［并行数据输出］中所设表达式的计算结果
	GATE	数据输出结束信号	通知信号，告知外部控制设备读取测量结果的时间，为 ON 时表示处于可输出数据的状态
	READY	可多路输入信号	通知信号，表示在使用多路输入功能时，处于可输入 STEP 信号的状态

有关 DI0 至 DI7 的命令格式在单线通信和多线通信时有多种不同的命令格式定义。如图 2-21 所示，我们着重展示在单线时 DI 的输入格式，其具体含义见表 2-6。

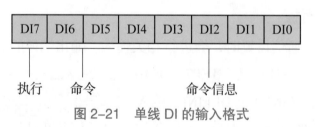

图 2-21 单线 DI 的输入格式

表 2-6 单线时输入端口 DI0 至 DI7 端口含义

项目	说明	输入格式（DI7 至 DI0）			输入示例
		执行（DI7）	命令（DI6、DI5）	命令信息（DI4 至 DI0）	
连续测量	输入命令过程中连续测量	1	00	没有关系	10000000
场景切换	切换要测量的场景	1	01	以二进制数输入"场景编号"（0 至 31）	切换为场景 2：10100010

续表

项目	说明	输入格式（DI7 至 DI0）			输入示例
		执行 （DI7）	命令 （DI6、DI5）	命令信息 （DI4 至 DI0）	
场景组切换	切换要测量的场景组	1	11	以二进制数输入"场景组编号"（0 至 31）	切换为场景组2：11100010
测量值清除	清除测量值，但不会清除 OR 信号和 DO 信号	1	10	00000	11000000
错误清除	清除错误输出，ERROR 显示灯也被清除	1	10	00001	11000001
OR+DO 信号清除	清除 OR 信号和 DO 信号	1	10	00010	11000010
解除等待状态	解除并行流程控制处理项目的等待状态	1	10	01111	11001111

 任务实施

设置工业机器人与视觉单元的通信连接

1. 视觉系统的通信连接与设置

1）通信连接

在本工作站中，工业机器人与视觉（CCD）控制器采用并行通信，对应具体的通道连接关系见表 2-7，在此我们只需连接对应的端口即可完成视觉控制器与工业机器人的通信硬件连接。如图 2-22 所示，为视觉控制器端的并行通信线缆连接情况。

表 2-7 通信端口连接表

硬件设备端口	视觉控制器对应端口
机器人 DSQC 652 I/O 板（XS13）-DI	GATE 端口
	OR 端口
	RUN 端口
机器人 DSQC 652 I/O 板（XS15）-DO	STEP0 端口
	DI0-DI3 口
	DI7 端口
—	DI5 端口

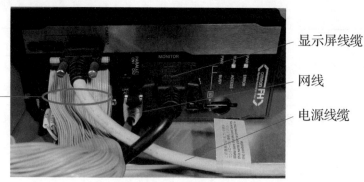

图 2-22　视觉控制器并行通信线缆

2）视觉通信设置

通信硬件连接完成后即可在视觉检测软件上设置相关的通信参数，通信参数的设置主要包括通信方式的设定、信号的输出周期（启动时间）的设定、信号输出模式（保持或非保持）的设定。具体步骤如下。

（1）在显示屏上选择"工具"—"系统设置"，如图 2-23 所示。

（2）点击"启动设定"，在通信模块选择"标准并行 I/O"，如图 2-24 所示。

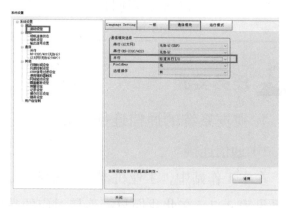

图 2-23　选择"工具"—"系统设置"

图 2-24　选择"标准并行 I/O"

（3）"保存"设定后点击"系统重启"，如图 2-25 所示。

（4）在"系统设置"界面，点击"通信"，选择子选项"并行"，如图 2-26 所示。

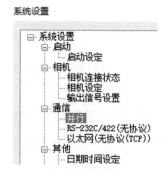

图 2-25　"保存"设定后点击"系统重启"

图 2-26　设定通信形式为"并行"

（5）将输出极性设置为"OK 时 ON"，即 OR 信号（综合判定结果信号）作为判定输出时，结果为 OK 时输出为 ON，如图 2-27 所示。

（6）输出周期设置为 2 000 ms，此值应大于"启动时间 + 输出时间"并小于测量间隔，如图 2-28 所示。

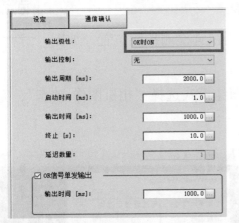

图 2-27　将输出极性设置为"OK 时 ON"

图 2-28　输出周期设置为 2 000 ms

（7）启动时间设置为 1 ms，即视觉控制器输出信号需要准备的时间，如图 2-29 所示。

（8）输出时间设置为 1 000 ms，即从"启动时间"结束到 PLC 接收到信号需要的时间，如图 2-30 所示。

图 2-29　设置启动时间

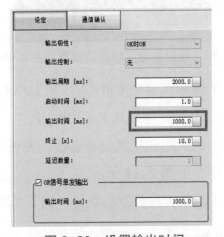

图 2-30　设置输出时间

（9）勾选"OR 信号单发输出"，即确认测量结果后，如果符合判定输出的 ON 条件，OR 信号将在单发输出时间中指定的时间内，变为 ON，超过指定的时间后，变为 OFF；输出时间设置为 1 000 ms，即指输出状态的保持时间。然后点击"适用"完成设置，如图 2-31 所示。

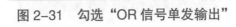

图 2-31　勾选"OR 信号单发输出"

2. 设置工件的颜色检测模板

1）成像环境调试

拍摄被测物体的关键部位的特征，得到高质量的光学图像，是图像采集的首要"职责"。

视觉检测之前都要确认成像清晰度、大小、位置等是否符合检测要求，在此我们可以通过调节光源亮度、镜头焦距、物距以及光圈的大小，使成像的轮廓更加清晰，显示更加明亮。

本任务要求机器人携各类芯片工件进行视觉成像调试，主要包括CPU、集成电路、三极管和电容。调节完成后记录机器人的点位数据至Area0601W，此点位即各类芯片的视觉检测点位。具体操作步骤如下。

成像环境调试

（1）手动操纵工业机器人吸取CPU芯片，移动到视觉检测拍照位置，如图2-32所示。

（2）点击左上角的"与流程显示连动"按钮，图像模式选择"相机图像 动态"，完成设置后即可显示相机的拍摄场景，如图2-33所示。

图2-32　操纵机器人移动到视觉检测拍照位置

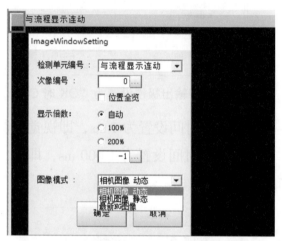

图2-33　图像模式选择"相机图像 动态"

（3）观察屏幕中CPU芯片的大小和位置是否合适，如果不合适需要操纵机器人调节检测位置；取下吸盘工具上的CPU芯片，依次换成集成芯片、电容、三极管芯片，观察它们在屏幕中的大小和位置是否合适，并做类似调整，保证所有芯片在屏幕中的成像大小合适且位置居中，如图2-34所示。

（4）旋转光源控制器旋钮，调节光源亮度，微调至人眼观测的最佳状态，如图2-35所示。

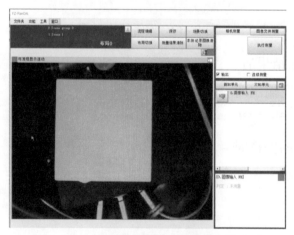

图2-34　观察被检测物在屏幕中的大小和位置是否合适

图2-35　调节光源亮度

（5）松开 1 号锁定螺钉，旋转镜头外圈，微调镜头焦距，使图像显示更加清晰，如图 2-36 所示。

（6）松开 2 号锁定螺钉，旋转镜头光圈，调整显示进光量和景深，使图像局部特征显示更加清晰，如图 2-37 所示。

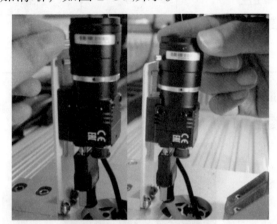

图 2-36 微调镜头焦距

图 2-37 调整显示进光量和景深

（7）光源、相机镜头调节完毕后，屏幕中的图像即可比较清晰，待检测的特征也较为明显，如图 2-38 所示。

（8）记录 Area 0601W 点位位置，如图 2-39 所示。

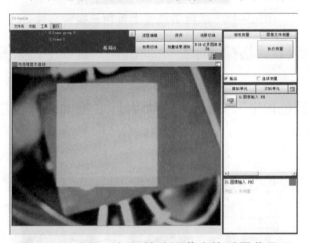

图 2-38 光源、相机镜头调节完毕后屏幕显示

图 2-39 记录 Area 0601W 点位位置

2）设置颜色检测模板

视觉检测的原理即先设定标准检测模板，然后将视觉系统实时拍摄的工件图样与标准模板进行比对，如果检测的特征与模板保持一致，即可输出一种检测结果，此时一般综合判定结果为 OK；若不一致，则可输出另外一种检测结果，此时一般综合判定结果为 NG。

工作站的安装对象为各类芯片，各类芯片的形状与颜色各不相同。芯片的外观决定着产品安装的流程走向，在此需要针对芯片的外形尺寸以及颜色编辑具体的检测流程。此处我们以三极管为例展示颜色检测模板的设置步骤，关于工件颜色检测模板的设置参数见表 2-8，具体设置步骤如下。

表 2-8 颜色检测模板参数

序号	模板对象	模板特征（检测结果 OK）	场景组	场景
1	CPU	颜色——蓝色	0	2
2	集成电路	颜色——红色	0	3
3	三极管	颜色——黄色	0	4
4	电容	颜色——红色	0	5

（1）点击"场景切换"，选择场景组 Scene group 0，新建场景 4，如图 2-40 所示。

（2）在吸盘工具上装上黄色三极管芯片，如图 2-41 所示。

图 2-40 选择场景组和场景

图 2-41 吸盘工具装上黄色三极管芯片

（3）点击"流程编辑"，进行视觉检测流程设置，选择"标签"，将其插入流程中，如图 2-42 所示。

（4）点击"标签"进入设置界面，点击"颜色指定"，勾选"自动设定"，拖动鼠标在芯片上拾取肉眼观察没有色差的颜色，如图 2-43 所示。

图 2-42 进行视觉检测流程设置

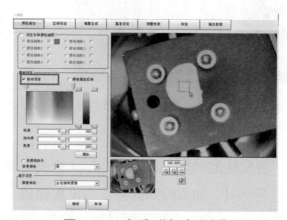

图 2-43 勾选"自动设定"

（5）点击"区域设定"，在"登录图形"处选择长方形，拖动长方形调整区域大小和位置，保证检测时芯片都在区域内，其余参数使用默认设置，点击"确定"，如图 2-44 所示。

（6）点击"判定"，将判定条件选择为"面积"，点击"测量"显示当前面积测量值，如图 2-45 所示。

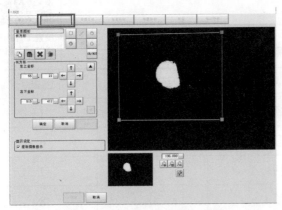

图 2-44 "区域设定"设置

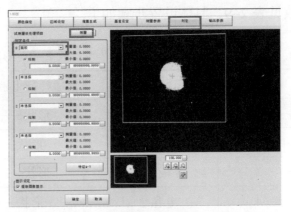

图 2-45 将判定条件选择为"面积"

（7）将最小值改为 1 000，避免相同颜色小色块的误检测，如图 2-46 所示。

（8）在流程编辑界面中插入"并行数据输出"，如图 2-47 所示。

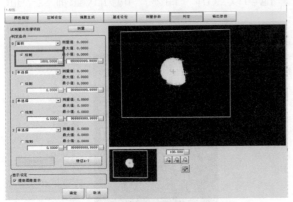

图 2-46 将最小值改为 1 000

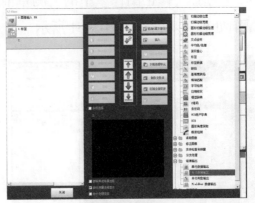

图 2-47 插入"并行数据输出"

（9）点击"表达式"，选择判定 JG，将标签的综合判定结果通过并行数据输出，如图 2-48 所示。

（10）保存场景，点击"确定"，如图 2-49 所示。

提示：其他颜色模板可以参考步骤 1 至步骤 10，依次完成设置。

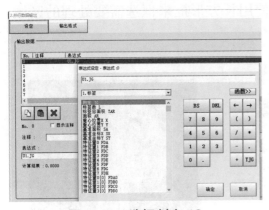

图 2-48 选择判定 JG

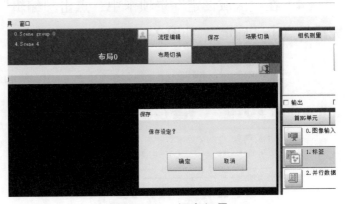

图 2-49 保存场景

3. 设置工件的形状检测模板

此处我们以 CPU 为例展示形状检测模板的设置步骤，关于工件形状检测模板的设置参数见表 2-9，具体设置步骤如下。

表 2-9　形状检测模板参数

序号	模板对象	模板特征（检测结果 OK）	场景组	场景
1	CPU	形状——正方形	0	1
2	集成电路	形状——矩形	0	6
3	三极管	形状——半圆形	0	7
4	电容	形状——圆形	0	8

（1）手动操纵机器人吸取 CPU 芯片，移动到 Area 0601W 点处。点击场景 1 中的"流程编辑"，进行视觉检测流程设置，如图 2-50 所示。

（2）选择"修正图像"中的"测量前处理"，拖动或点击"插入"的方式在流程中插入"测量前处理"步骤，如图 2-51 所示。

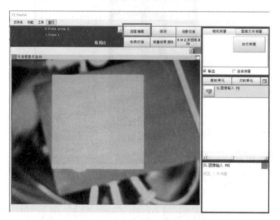

图 2-50　点击场景 1 中的"流程编辑"

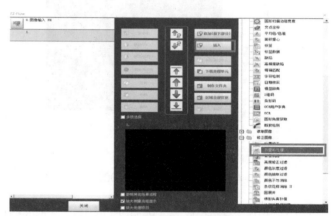

图 2-51　插入"测量前处理"

（3）点击"测量前处理"，进入参数设置界面，在"测量前处理设定"的下拉框中选择"边缘抽取"，如图 2-52 所示。

（4）在"区域设定"选项卡中，点击"编辑"，使用长方形框来框选需要处理的区域，完成后点击"确定"，如图 2-53 所示。

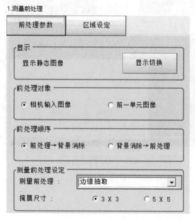

图 2-52　"测量前处理"参数设置界面

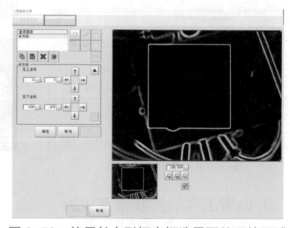

图 2-53　使用长方形框来框选需要处理的区域

（5）选择"形状搜索Ⅲ"，参照步骤2将其插入流程中，如图2-54所示。

（6）进入"形状搜索Ⅲ"编辑界面，点击"编辑"，如图2-55所示。

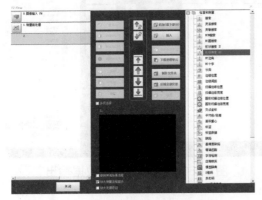

图2-54　插入"形状搜索Ⅲ"

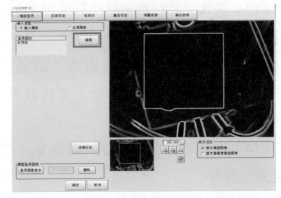

图2-55　进入"形状搜索Ⅲ"编辑界面

（7）选择符合芯片形状的框选图形，此处选择长方形，框选搜索区域，在"保存模型登录图像"处打钩，点击"确定"，如图2-56所示。

（8）在"区域设定"选项卡中，点击"编辑"，使用长方形框来框选需要处理的区域，完成后点击"确定"，如图2-57所示。

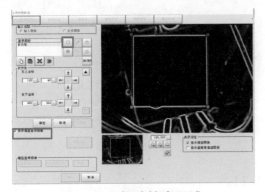

图2-56　框选搜索区域

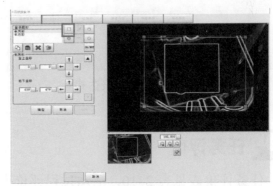

图2-57　使用长方形框来框选需要处理的区域

（9）点击"测量参数"选项卡，进入测量参数设定界面，确认测量条件中"旋转"前的钩已打上，确保检测芯片与模型登录图像相比有 −180°至 +180°的转角时也不影响检测结果，如图2-58所示。

（10）将相似度修改为80~100，如图所示，点击"确定"，如图2-59所示。

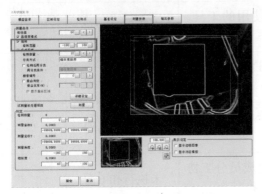

图2-58　测量参数设定界面

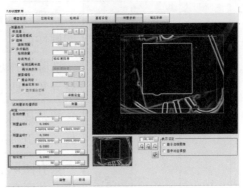

图2-59　相似度修改为80~100

（11）参考步骤 2 的方法在流程编辑界面中插入"并行数据输出"，如图 2-60 所示。

（12）进入"并行数据输出"编辑界面，点击"表达式"，如图 2-61 所示。

（13）选择判定"TJG"，点击"确定"。即将当前项目判定结果输出给工业机器人，如图 2-62 所示。

（14）点击"保存"按钮，对场景 1 的设定进行保存。

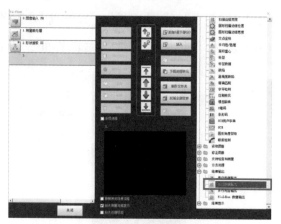

图 2-60　插入"并行数据输出"

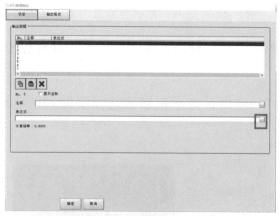

图 2-61　点击"表达式"

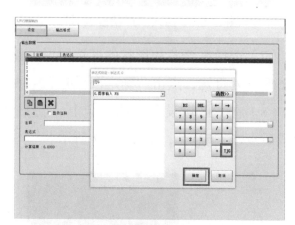

图 2-62　判定"TJG"

 **任务评价**

任务评价表见表 2-10，活动过程评价表见表 2-11。

表 2-10　任务评价表

评价项目	比例	配分	序号	评价要素	评分标准	自评	教师评价
6S职业素养	30%	30分	1	选用适合的工具实施任务，清理无须使用的工具	未执行扣6分		
			2	合理布置任务所需使用的工具，明确标识	未执行扣6分		
			3	清除工作场所内的脏污，发现设备异常立即记录并处理	未执行扣6分		
			4	规范操作，杜绝安全事故，确保任务实施质量	未执行扣6分		
			5	具有团队意识，小组成员分工协作，共同高质量完成任务	未执行扣6分		

评价项目	比例	配分	序号	评价要素	评分标准	自评	教师评价
视觉检测模块设置	70%	70分	1	能够完成视觉系统的通信连接与设置	未掌握扣10分		
			2	能够完成成像环境调试，使被检测物可以在视觉系统中清晰显示	未掌握扣20分		
			3	能够完成颜色检测模板的设定，实现颜色的检测，相同OK，不同NG	未掌握扣20分		
			4	能够完成形状检测模板的设定，实现形状的检测，相同OK，不同NG	未掌握扣20分		
合计							

表 2-11 活动过程评价表

评价指标	评价要素	分数	分数评定
信息检索	能有效利用网络资源、工作手册查找有效信息；能用自己的语言有条理地去解释、表述所学知识；能将查找到的信息有效转换到工作中	10	
感知工作	是否熟悉各自的工作岗位，认同工作价值；在工作中，是否获得满足感	10	
参与状态	与教师、同学之间是否相互尊重、理解、平等；与教师、同学之间是否能够保持多向、丰富、适宜的信息交流。 探究学习、自主学习不流于形式，处理好合作学习和独立思考的关系，做到有效学习；能提出有意义的问题或能发表个人见解；能按要求正确操作；能够倾听、协作分享	20	
学习方法	工作计划、操作技能是否符合规范要求；是否获得了进一步发展的能力	10	
工作过程	遵守管理规程，操作过程符合现场管理要求；平时上课的出勤情况和每天完成工作任务情况；善于多角度思考问题，能主动发现、提出有价值的问题	15	
思维状态	是否能发现问题、提出问题、分析问题、解决问题	10	
自评反馈	按时按质完成工作任务；较好地掌握了专业知识点；具有较强的信息分析能力和理解能力；具有较为全面严谨的思维能力并能条理明晰地表述成文	25	
总分		100	

任务 2.3　视觉分拣工作站编程与调试

 **任务描述**

视觉分拣工作站已经具备实施对应工件安装工艺流程的配置条件，当前需要根据工件的外观特征（形状、颜色）来判定工件的安装工位。在分拣工艺实施过程中需要根据实训指导手册进行工艺路径的规划，并进行相应的视觉检测程序和分拣程序的模块化编程，最终对视觉分拣工作站进行系统调试。

 **任务目标**

1. 能够针对当前分拣工艺进行轨迹的规划。
2. 根据分拣工艺的实施完成工业机器人信号和参数的分配。
3. 能够根据工件的检测特征以及分拣工艺分别编写视觉检测程序以及分拣程序。
4. 可以运行所编程序，并对整个视觉分拣系统进行调试。

 **所需工具**

安全操作指导书。

 **学时安排**

建议学时共 8 学时，其中相关知识学习建议 4 学时，学员练习建议 4 学时。

 **工作流程**

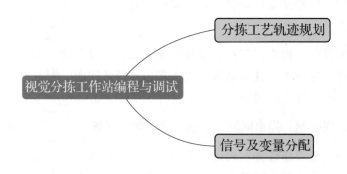

知识储备

1. 分拣工艺轨迹规划

1）分拣流程

分拣流程如图 2-63 所示，分拣轨迹方向示意图如图 2-64 所示，其中轨迹 1 中工业机器人使用末端工具吸取异形芯片；轨迹 2 中工业机器人持芯片运动至视觉检测点位进行检测；轨迹 3 中工业机器人将检测后的异形芯片安装至电路板。

| 工业机器人末端装有吸盘工具的状态下，运动至异形芯片安装料盘，吸取芯片 | 工业机器人持芯片运动至视觉检测点位进行检测 | 工业机器人根据检测结果，将检测后的异形芯片安装至电路板 |

图 2-63　分拣流程

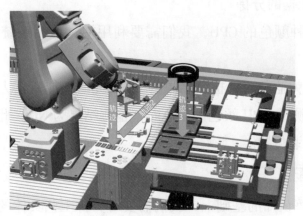

图 2-64　分拣轨迹方向示意图

2）安装位置

如图 2-65 所示，为各异形芯片的具体安装位置，包括 CPU、集成电路、电容及三极管四种芯片工件。

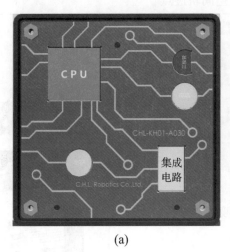 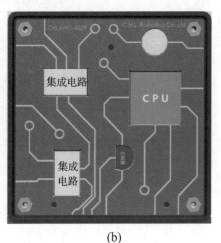

| (a) | (b) |

图 2-65　芯片安装位置

（a）电路板 A 芯片安装位置；（b）电路板 B 芯片安装位置

3）分拣体例设计

由于工件的外观较为多样化，在此我们分别以形状和颜色为依据，来展示不同工件的不同检测标准和对应的分拣情况。

体例 1：以形状为依据的分拣

当前原料盘中的第一个 CPU 存放位置随机放有 CPU 或集成电路芯片，我们需要利用视觉检测系统中的场景 1（场景组 0）来区分这两种芯片。

注意：为了保证芯片的吸取位置一致，初始状态时芯片的几何中心需要与处于原料盘的几何中心尽量保持一致。

当检测结果为 OK 时，即检测结果符合 CPU 的外形特点，此时将工件安装在电路板 A 的 CPU 安装位置；当检测结果为 NG 时，即当前检测结果符合集成电路的外形特点，此时将工件安装在电路板 A 的集成电路安装位置。

体例 2：以颜色为依据的分拣

当前原料盘中有两种颜色的 CPU，我们需要利用视觉检测系统中的场景 2（场景组 0）来区分这两种芯片。

当检测的 CPU 颜色为蓝色时，检测结果为 OK，此时工业机器人将工件安装至电路板 A 的 CPU 安装位置；当检测的 CPU 颜色为白色时，检测结果为 NG，此时工业机器人将工件安装至电路板 B 的 CPU 安装位置。

2. 信号及变量分配

在对分拣工艺的熟练认知的基础上，我们需要对分拣工艺具体的点位、变量以及通信信号进行规划，为后续分拣工艺程序的编制做铺垫，具体规划情况见表 2-12。

表 2-12 工业机器人分拣路径轨迹点位、变量

名称	数据类型	功能描述	点位示意图 / 注释
工业机器人空间轨迹点			
Home	Jointtarget	工业机器人工作原点	
Area0401R	Robtarget	芯片原料料盘取料过渡点	

名称	数据类型	功能描述	点位示意图/注释
Area0410W	Robtarget	芯片原料料盘上靠近工业机器人侧第一个 CPU 芯片对应的吸取位置,该位置也可能装有集成电路	
Area0501R	Robtarget	电路板芯片安装过渡点	
Area0510W	Robtarget	蓝色 CPU 对应的电路板上装配位置	
Area0511W	Robtarget	白色 CPU 对应的电路板上装配位置	
Area0601W	Robtarget	视觉检测点位	
变量			
SceneNum	Num	存储场景编号	1:场景 1——CPU 工件形状检测。 2:场景 2——CPU 工件颜色检测。 其他值:分别参考表 2-9 和表 2-11 中对应场景的模板设置情况
CCDResult	Num	存储视觉检测结果	0:检测结果为 NG。 1:检测结果为 OK

　　在此分拣工艺中,主要涉及的工业机器人信号有吸盘动作、工业机器人与视觉控制器之间的通信。具体信号及功能描述见表 2-13。

表2-13 工业机器人输入、输出信号

硬件设备端口	名称	功能描述	对应设备端口
工业机器人 DSQC 652 I/O 板（XS13）–DI	FrCDigCCDFinish	视觉检测完成反馈信号：1：可输出检测数据。0：无数据可输出	视觉检测系统——GATE 端口
	FrCDigCCDOK	视觉检测结果反馈信号：1：检测结果 OK。0：检测结果 NG	视觉检测系统——OR 端口
工业机器人 DSQC 652 I/O 板（XS15）–DO	ToTDigSucker1	小吸盘工具动作信号：1：吸取物料。0：放下物料	小吸盘工具
	ToCDigPhoto	请求视觉系统执行拍照	视觉检测系统——STEP0 端口
	ToCGroScene	视觉检测系统场景编号参数。信号值为 1、2 时分别对应场景 1、2。注意：该组信号只提供场景参数，不控制视觉检测系统执行切换动作	视觉检测系统——DI0–DI3 口
	ToCDigAffirm	场景切换信号，值为 1 时切换至指定场景	视觉检测系统——DI7 端口

 任务实施

1. 编写视觉检测子程序

1）程序架构

工业机器人与视觉检测系统通信程序 CVision（num SceneNum）是带参数的例行子程序，通过调用不同数值参数实现切换到视觉检测系统中不同的场景并进行检测，后续可以在不同的分拣体例中使用。例如，由对应场景的模板设置可知，如果调用"Cvision 1"时切换到视觉检测系统场景 1 进行工件形状检测，判断被检测的芯片是否为 CPU 芯片；如果调用"Cvision 3"表示切换到视觉检测系统中场景 3 进行颜色检测，判断是否为灰色的集成电路。工业机器人与视觉检测系统通信程序逻辑结构图如图 2-66 所示。

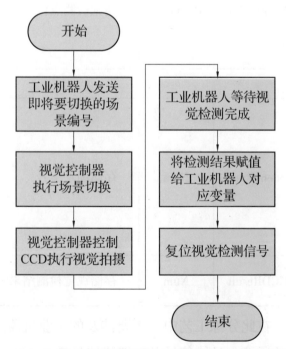

图 2-66 机器人与视觉检测系统通信程序逻辑结构图

2）视觉检测程序编制

具体的视觉检测程序步骤如下。在编程时需要注意，每一步信号的置位，最好都添加延时语句"WaitTime"，以确保视觉信号传输的时序性。

（1）建立带参数的例行程序 CVision（num SceneNum），如图 2-67 所示。

（2）发送视觉检测系统场景编号，编号值即为 SceneNum 的数值，并添加等待时间，如图 2-68 所示。

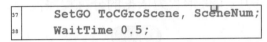

图 2-67　建立带参数的例行程序 CVision（num SceneNum）

图 2-68　发送视觉检测系统场景编号程序段

（3）置位场景切换信号，添加等待时间，如图 2-69 所示。

（4）置位视觉系统拍照信号"ToCDigPhoto"，等待视觉检测完成，即"FrCDigCCDFinish"信号状态为 1，如图 2-70 所示。

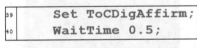

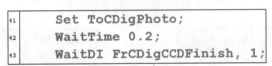

图 2-69　切换场景程序段

图 2-70　触发拍照后等待检测完成程序段

（5）利用赋值指令将检测结果保存至变量"CCDResult"中，如图 2-71 所示。

（6）复位视觉检测各数字量（组）输出信号，如图 2-72 所示。

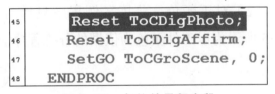

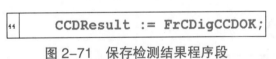

图 2-71　保存检测结果程序段

图 2-72　复位信号程序段

（7）整理视觉检测程序：

```
PROC CVision(num SceneNum)
    SetGO ToCGroScene, SceneNum;
    WaitTime 0.5;
    Set ToCDigAffirm;
    WaitTime 0.5;
    Set ToCDigPhoto;
    WaitTime 0.2;
    WaitDI FrCDigCCDFinish, 1;
    CCDResult := FrCDigCCDOK;
    Reset ToCDigPhoto;
```

```
        Reset ToCDigAffirm;
        SetGO ToCGroScene, 0;
ENDPROC
```

2. 编写分拣程序

1）分拣工艺及程序架构

视觉检测结果在分拣流程工艺中起决策的作用。工业机器人末端已安装吸盘工具，可以进行芯片工件的吸取和安装。

（1）对于形状，分拣案例程序只针对 CPU 和集成电路两个工件做形状区分。如图 2-73 所示为以工件形状为依据的分拣程序流程，流程中具体示教位置如图 2-74 所示。

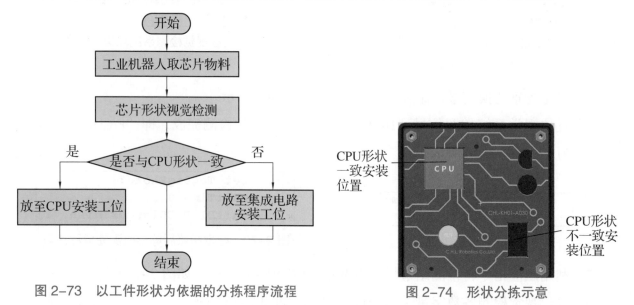

图 2-73 以工件形状为依据的分拣程序流程   图 2-74 形状分拣示意

（2）对于颜色，分拣案例程序只针对 CPU 的两种颜色（蓝色、白色）做区分。如图 2-75 所示为以工件颜色为依据的分拣程序流程，在流程中的具体示教位置如图 2-76 所示。

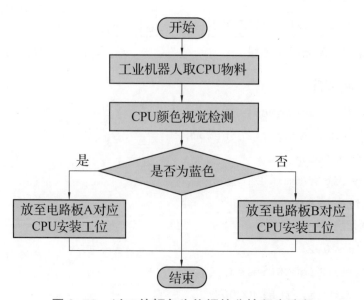

图 2-75 以工件颜色为依据的分拣程序流程

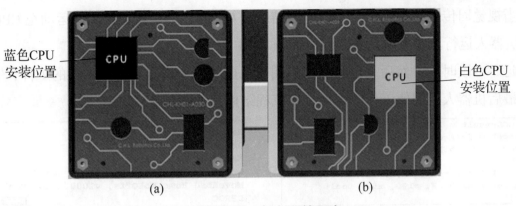

图 2-76 颜色分拣示意

（a）电路板 A；（b）电路板 B

2）分拣程序编制

我们以形状检测为例来说明视觉检测在分拣流程中的主要应用。颜色检测的分拣流程与形状检测的分拣流程类似，其核心程序附在操作步骤之后以供参考，具体程序编制步骤如下。

（1）新建以工件形状为依据的分拣程序，如图 2-77 所示。

（2）添加回机器人工作原点程序，如图 2-78 所示。

图 2-77 新建分拣程序

```
50    PROC PSortShape()
51        MoveAbsJ Home \NoEOffs, v1000, z50, tool0;
52    ENDPROC
```

图 2-78 添加回机器人工作原点程序段

（3）添加运动指令，经过芯片料盘取料过渡点和取料点，先复位然后再置位吸盘取料信号"ToTDigSucker1"吸取物料后返回至过渡点，完成取料过程程序的编写，如图 2-79 所示。

（4）工业机器人先运动至检测点位，然后利用程序调用指令"ProcCall"调用视觉检测程序"CVision 1"，检测完毕后运动至电路板安装过渡点等待，如图 2-80 所示。

注意：由于要进行 CPU 芯片形状检测，因此，视觉检测程序的参数值为 1。同理，若要进行 CPU 芯片颜色检测，此时参数值应选择为 2。

```
MoveJ Area0401R, v400, z50, tool0;
ReSet ToTDigSucker1;
MoveL Offs(Area0410W,0,0,90), v200, fine, tool0;
MoveL Offs(Area0410W,0,0,20), v100, fine, tool0;
MoveL Area0410W, v100, fine, tool0;
WaitTime 1;
Set ToTDigSucker1;
WaitTime 1;
MoveL Area0401R, v100, fine, tool0;
```

图 2-79 取料过程程序段

```
MoveL Area0601W, v100, fine, tool0;
CVision 1;
MoveJ Area0501R, v400, z50, tool0;
```

图 2-80 工业机器人先运动至检测点位程序段

（5）当视觉回传的结果为 1 时，即检测结果为 OK 时，则机器人携工件运动至 CPU 安装点；否则机器人运行至集成电路安装点，如图 2-81 所示。

（6）延时一段时间，然后复位吸盘工具信号，此时工业机器人松开末端的工件，完成安装步骤，最后机器人返回值工作原点，分拣流程结束，如图 2-82 所示。

```
63   IF CCDResult = 1 THEN
64      MoveL Offs(Area0511W,0,0,10), v100, z50,
65      MoveL Area0511W, v100, z50, tool0;
66   ELSE
67      MoveL Offs(Area0512W,0,0,10), v100, z50,
68      MoveL Area0512W, v100, z50, tool0;
69   ENDIF
```

图 2-81　分拣程序段

```
WaitTime 0.5;
Reset ToTDigSucker1;
WaitTime 0.5;
MoveL Area0501R, v100, fine, tool0;
MoveAbsJ Home\NoEOffs, v1000, z50, tool0;
DPROC
```

图 2-82　松开工具返回原点程序段

（7）整理视觉形状检测程序：

```
PROC PSortShape()
        MoveAbsJ Home\NoEOffs, v1000, z50, tool0;
        MoveJ Area0401R, v400, z50, tool0;
        ReSet ToTDigSucker1;
        MoveL Offs(Area0410W,0,0,90), v200, fine, tool0;
        MoveL Offs(Area0410W,0,0,20), v100, fine, tool0;
        MoveL Area0410W, v100, fine, tool0;
WaitTime 1;
        Set ToTDigSucker1;
        WaitTime 1;
        MoveL Area0401R, v100, fine, tool0;
        MoveL Area0601W, v100, fine, tool0;
        CVision 1;
        MoveJ Area0501R, v400, z50, tool0;
        IF CCDResult = 1 THEN
                MoveL Offs(Area0511W,0,0,10), v100, fine, tool0;
                MoveL Area0511W, v100, fine, tool0;
        ELSE
                MoveL Offs(Area0512W,0,0,10), v100, fine, tool0;
                MoveL Area0512W, v100, fine, tool0;
        ENDIF
        WaitTime 0.5;
        Reset ToTDigSucker1;
WaitTime 0.5;
        MoveL Area0501R, v100, fine, tool0;
        MoveAbsJ Home\NoEOffs, v1000, z50, tool0;
    ENDPROC
```

（8）整理视觉颜色检测程序：

```
PROC PSortColour()
        MoveAbsJ Home\NoEOffs, v1000, z50, tool0;
        MoveJ Area0401R, v400, z50, tool0;
    MoveL Offs(Area0410W,0,0,90), v200, fine, tool0;
    MoveL Offs(Area0410W,0,0,20), v100, fine, tool0;
        MoveL Area0410W, v20, fine, tool0;
WaitTime 1;
        Set ToTDigSucker1;
WaitTime 1;
        MoveL Area0401R, v100, z50, tool0;
MoveL Area0601W, v100, fine, tool0;
        CVision 2;
        MoveJ Area0501R, v400, z50, tool0;
        IF CCDResult = 1 THEN
                MoveL Offs(Area0510W,0,0,10), v100, fine, tool0;
                MoveL Area0510W, v100, fine, tool0;
        ELSE
                MoveL Offs(Area0511W,0,0,10), v100, fine, tool0;
                MoveL Area0511W, v100,  fine, tool0;
        ENDIF
    WaitTime 1;
            Reset ToTDigSucker1;
    WaitTime 1;
        MoveL Area0501R, v100, fine, tool0;
        MoveAbsJ Home\NoEOffs, v1000, z50, tool0;
ENDPROC
```

运行和调试视觉分拣程序

3. 调试视觉分拣程序

1）视觉检测程序调试步骤

视觉检测程序的调试步骤如下，先在视觉检测系统端置位，复位输入、输出信号，然后检测工业机器人端相关信号的状态，验证视觉检测系统与工业机器人的通信状态；确认工业机器人末端已安装吸盘工具后，再调试视觉检测程序，验证程序功能能否实现。

（1）进入示教器"输入输出"界面，在视图中选择"数字输入"，如图2-83所示。

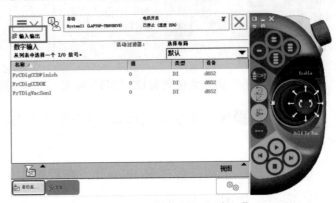

图2-83　选择"数字输入"

（2）点击视觉软件界面上的"工具"选择"系统设置"，如图2-84所示。

图2-84 选择"系统设置"

（3）在"系统设置"主菜单点击"通信——并行"，进入并行通信设置界面，然后点击"通信确认"进入输入、输出信号手动测试界面，如图2-85所示。

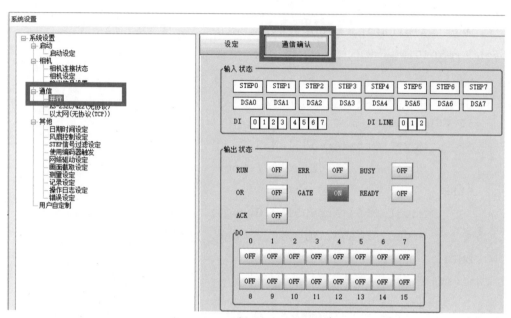

图2-85 并行通信设置界面

（4）手动强制置位再复位"OR"信号，查看示教器上的FrCDigCCDOK信号是否变为1，然后又变为0，如图2-86所示。

（5）手动强制置位再复位"GATE"信号，查看示教器上的FrCDigCCDFinish信号是否变为1，然后又变为0，如图2-87所示。

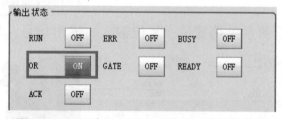

图2-86 手动强制置位再复位"OR"信号

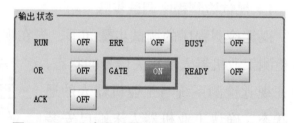

图2-87 手动强制置位再复位"GATE"信号

（6）手动操纵工业机器人吸取CPU芯片并移动到视觉检测位置Area0601W，如图2-88所示。

（7）新建一个例行程序Routine 1，在程序中调用初始化程序和机器人与视觉检测通信程序Cvision 1，如图2-89所示。

图 2-88 工业机器人吸取 CPU 芯片并
移动到视觉检测位置 Area0601W

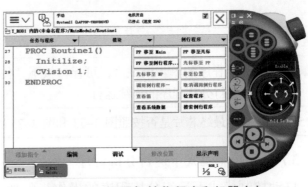

图 2-89 调用初始化程序和机器人与
视觉检测通信程序 Cvision 1

（8）手动运行该例行程序查看视觉检测屏幕上的场景是否切换为场景 1，检测结果是否为"OK"（合格）。检测工件形状为正方形，显示"OK"，如图 2-90 所示。

（9）参照上述方法，运行调用程序 Cvision 2，查看视觉检测屏幕上的场景是否切换为场景 2，并查看检测结果。由于其颜色为白色，与模板蓝色不符，因此，显示为"NG"。

2）手动控制模式下运行和调试分拣程序

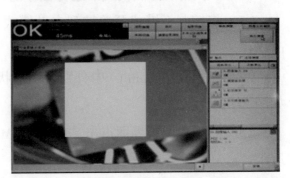

图 2-90 检测工件形状为正方形，显示"OK"

如图 2-91 所示，分拣程序调试前需要保证以下条件。

• 电路板 A 和电路板 B 上芯片的安装位置均为空，以避免某一安装工位重复放置；

• 保证气路通常，使吸盘工具可以顺利吸取工件；

• 保证异形芯片料盘有料，且工业机器人末端已安装吸盘工具。

图 2-91 分拣程序的运行准备

手动控制模式下运行分拣程序的操作步骤参见表 2-14。

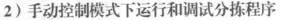

表 2-14 手动控制模式下运行分拣程序的操作步骤

序号	操作
1	将控制柜模式开关转到手动模式
2	进入程序编辑界面，将程序指针移至分拣程序（PSortShape 或 PSortColour）
3	按下"使能"按钮并使其保持在中间挡，按压程序调试按钮"前进一步"，逐步运行，并完成程序的调试

续表

序号	操作
4	完成程序的单步调试后，可保持按下"使能"按钮并使其保持中间挡，按压"启动"按钮，进行分拣程序的连续运行
5	观察最终芯片是否按照图 2-73 和图 2-75 所示分拣流程安装至指定位置

3）自动控制模式下运行分拣程序

自动控制模式下运行分拣程序的操作步骤如下。

注意：在自动控制模式下运行程序前，需完成手动控制模式下程序的调试。

（1）将控制柜模式开关转到自动模式，并在示教器上点击"确定"，完成确认模式的更改操作。

（2）在主程序 main（）中分别调用形状分拣程序 PSortShape 和颜色分拣程序 PSortColour，如图 2-92 所示。

（3）然后在调试界面点击"PP 移至 Main"，将程序指针移动至 main（）程序，如图 2-93 所示。

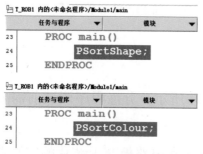

图 2-92　分别调用形状分拣程序 PSortShape 和颜色分拣程序 PSortColour

图 2-93　将程序指针移动至 main（）程序

（4）按下"电机开启"，如图 2-94 所示。

（5）按"前进一步"按钮［图（a）］，可逐步运行分拣程序；按"启动"按钮［图（b）］，则可直接连续运行分拣主程序 main（），如图 2-95 所示。

图 2-94　按下"电机开启"

图 2-95　"前进一步"按钮；"启动"按钮

（6）观察最终 CPU 芯片以及集成电路芯片是否按照要求的分拣流程安装至指定位置。

任务评价

任务评价表见表2-15，活动过程评价表见表2-16。

表2-15　任务评价表

评价项目	比例	配分	序号	评价要素	评分标准	自评	教师评价
6S职业素养	30%	30分	1	选用适合的工具实施任务，清理无须使用的工具	未执行扣6分		
			2	合理布置任务所需使用的工具，明确标识	未执行扣6分		
			3	清除工作场所内的脏污，发现设备异常立即记录并处理	未执行扣6分		
			4	规范操作，杜绝安全事故，确保任务实施质量	未执行扣6分		
			5	具有团队意识，小组成员分工协作，共同高质量完成任务	未执行扣6分		
视觉分拣工作站编程与调试	70%	70分	1	能够按照功能要求编写视觉检测子程序	未掌握扣20分		
			2	能够按照分拣功能要求编写分拣程序	未掌握扣20分		
			3	能够正确调试视觉分拣程序	未掌握扣30分		
合计							

表2-16　活动过程评价表

评价指标	评价要素	分数	分数评定
信息检索	能有效利用网络资源、工作手册查找有效信息；能用自己的语言有条理地去解释、表述所学知识；能将查找到的信息有效转换到工作中	10	
感知工作	是否熟悉各自的工作岗位，认同工作价值；在工作中，是否获得满足感	10	
参与状态	与教师、同学之间是否相互尊重、理解、平等；与教师、同学之间是否能够保持多向、丰富、适宜的信息交流。 探究学习、自主学习不流于形式，处理好合作学习和独立思考的关系，做到有效学习；能提出有意义的问题或能发表个人见解；能按要求正确操作；能够倾听、协作分享	20	
学习方法	工作计划、操作技能是否符合规范要求；是否获得了进一步发展的能力	10	
工作过程	遵守管理规程，操作过程符合现场管理要求；平时上课的出勤情况和每天完成工作任务情况；善于多角度思考问题，能主动发现、提出有价值的问题	15	

续表

评价指标	评价要素	分数	分数评定
思维状态	是否能发现问题、提出问题、分析问题、解决问题	10	
自评反馈	按时按质完成工作任务；较好地掌握了专业知识点；具有较强的信息分析能力和理解能力；具有较为全面严谨的思维能力并能条理明晰地表述成文	25	
	总分	100	

项目知识测评

1. 单选题

（1）视觉检测系统对下列哪种物理性质不能进行检测？（　　）

A. 形状　　　　　　B. 颜色　　　　　　C. 大小　　　　　　D. 质量

（2）视觉检测在进行工件成像调节时，下列哪个操作基本不需要考虑？（　　）

A. 工件形状　　　　B. 光源亮度　　　　C. 焦距　　　　　　D. 光圈大小

（3）在进行视觉通信设置时，下列哪一项不需要考虑？（　　）

A. 通信方式的设定　　　　　　　　　B. 信号的输出周期

C. 检测工件的外观　　　　　　　　　D. 信号输出模式

2. 多选题

（1）在进行视觉分拣系统布局时，主要从下列哪些方面来考虑布局的合理性？（　　）

A. 模块之间无干涉

B. 工业机器人的工作点位必须可达

C. 局部布局最优就能达到全局最优，因此只需要考虑局部的布局即可

D. 尽可能地保证自动化的节拍紧凑

（2）工业机器人与视觉单元之间常用的通信方式及协议主要包括以下哪几种？（　　）

A. 无线　　　　　　B. EtherNet/IP　　　　C. 无协议　　　　　D. 并行通信

3. 判断题

（1）PC 式机器视觉系统由光源、图像采集卡、控制单元、传感器等组件组成，这些组件缺一不可。（　　）

（2）视觉检测系统在检测时，需要先建立标准工件模板，然后通过拍摄的实况工件与标准模板进行对比，进而判断检测工件的合格性。（　　）

（3）在工业实际应用中，根据视觉检测的结果不同，一般对应工件的相关处理流程也不同。（　　）

项目3
工业机器人焊接工作站操作与编程

 **项目导言**

　　本项目围绕工业机器人操作与编程岗位职责和企业实际生产中的工业机器人工艺应用的工作内容，就工业机器人焊接工作站的操作与编程进行了详细的讲解，并设置丰富的实训任务，使学生通过实操进一步了解工业机器人在焊接行业应用的重要性，熟练掌握焊接工艺应用技巧。

项目目标

　　1. 培养工业机器人进行工艺实施的安全意识。
　　2. 培养安装焊接工作站的动手能力。
　　3. 培养焊接工艺参数以及信号全局分配的意识。
　　4. 培养定位坡口焊接的工艺实施编程能力以及调试技巧。
　　5. 培养变位对接焊接的工艺实施编程能力以及调试技巧。

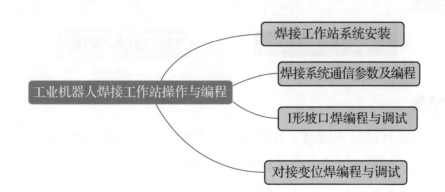

任务 3.1　焊接工作站系统安装

 **任务描述**

在某工作站中，工业机器人已具备对工件的夹取能力，还需要进一步安装焊接系统以进行焊接工艺的实施。

焊接系统为多工艺模块的一部分，参照实训指导手册，完成焊接工作站的安装以及电气连接。

任务目标

1. 了解焊接工作站的组成。
2. 能够对焊接工作站进行安装，并与工业机器人等周边设备集成焊接系统。
3. 根据实训指导手册正确进行多工艺模块的电气连接。
4. 根据待焊工件的焊缝坡口位置，正确装夹待焊工件。

所需工具

内六角扳手（1套）、十字螺丝刀、一字螺丝刀、安全操作指导书、待焊工件、电气连接线缆。

学时安排

建议学时共6学时，其中相关知识学习建议2学时，学员练习建议4学时。

工作流程

焊接工作站系统安装　———　焊接工作站的组成

 **知识储备**

由于激光焊接具有能量密度高、变形小、热影响区宽、焊接速度快、易实现自动控制、无后续加工等优点，近年来正成为金属材料加工与制造的重要手段，越来越广泛地应用在汽车、造船、航空航天等领域，所涉及的材料涵盖了几乎所有的金属材料。目前，发展的方向有激光填丝焊接、激光电弧复合焊接、激光钎焊等。

本焊接工作站即为模拟工业机器人激光焊接工作站，如图3-1所示，焊接工作站主要包括以下组成部分：工业机器人、焊接变位机（焊接工作区域）、模拟激光头、待焊工件存储区、已焊工件存储区。各部分主要功能见表3-1。

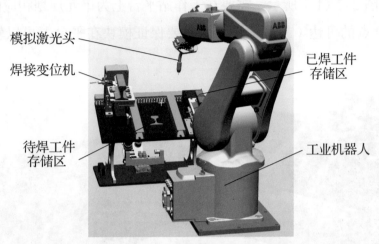

模拟激光头
焊接变位机
已焊工件存储区
待焊工件存储区
工业机器人

图3-1　焊接工作站

表3-1　焊接工作站各部分功能说明

序号	组成部分	功能说明
1	工业机器人	（1）完成工件在各工位区域之间的转移； （2）实现变位机运动参数以及启停的控制； （3）激光焊工艺的主要实施者
2	焊接变位机	带动工件通过设定转速和转角进行运动，是变位焊的关键参与者。在本工作站，焊接变位机即为焊接工作区域
3	模拟激光头	激光焊的能量输出设备。在本工作站激光的输出由模拟激光头内红外灯代替
4	待焊工件存储区	焊接之前，工件的存储区域
5	已焊工件存储区	焊接之后，工件的存储区域

任务实施

1. 焊接工作站的硬件安装

1）安装工具及零件准备

由于焊接工作站位于多工艺模块，所以焊接工作站的硬件安装即为多工艺单元主体的安装。在安装之前我们需要做如下准备。

（1）紧固螺钉4个。

（2）内六角扳手、活动扳手。

（3）安装硬件准备。

对于焊接工作站的硬件安装要求，一方面，如图3-2（a）所示，需要保证单元中所有的零部件都是固定的，尤其注意工件存放区域在安装时应为空，或工件已经在对应区域上固定；另一方面，如图3-2（b）所示，需要在工作站平台上为单元规划相应的区域，不仅要保证工业机器人TCP点的可达（易达）性，而且要保证模块在平台上可以较为方便地连接电气接口。

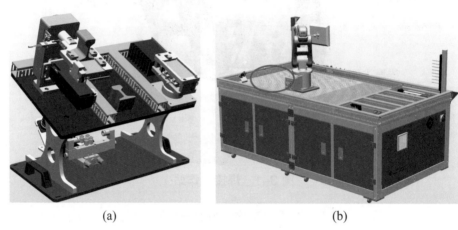

(a)   (b)

图3-2　硬件准备

（a）多工艺模块（焊接工作站）；（b）工作站平台区域规划

2）安装操作

安装时注意人身安全，同时需要避免硬件的碰撞，具体安装步骤见表3-2。焊接工作站安装完成后状态如图3-3所示。

表3-2　焊接工作站安装任务操作表

序号	操作步骤
1	操作工业机器人运动至安全位置，使其远离单元安装区域
2	根据机械装配图将焊接工作站（多工艺单元）放置在平台规划区域
3	用紧固螺钉加以固定，注意暂时不要拧紧螺钉
4	操作工业机器人，验证其TCP点可以到达焊接工作站各操作点位
5	根据验证结果对焊接工作站位置进行微调，并拧紧紧固螺钉，安装完毕

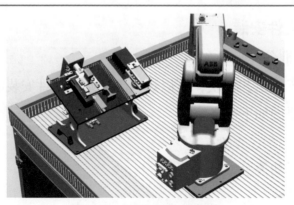

焊接工作站
系统安装

图3-3　安装完成示意图

2. 多工艺模块的电气连接

如图3-4所示，工作站平台为多工艺模块提供专用的电气接口。按照图示位置接入气管以及电源与通信线缆，相关的气路连接图见附录。在安装时需要避免以下两种情况。

（1）气管被弯折导致气路不通畅。

（2）航空插头与航空插座的针脚是否对应。

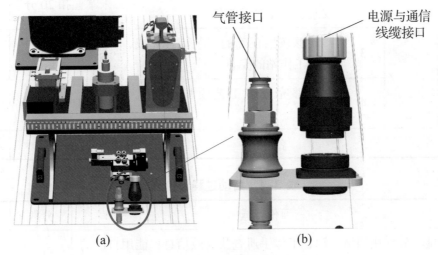

图3-4 多工艺模块电气连接
（a）电气连接位置；（b）电气接口

 任务评价

任务评价表见表3-3，活动过程评价表见表3-4。

表3-3 任务评价表

评价项目	比例	配分	序号	评价要素	评分标准	自评	教师评价
6S职业素养	30%	30分	1	选用适合的工具实施任务，清理无须使用的工具	未执行扣6分		
			2	合理布置任务所需使用的工具，明确标识	未执行扣6分		
			3	清除工作场所内的脏污，发现设备异常立即记录并处理	未执行扣6分		
			4	规范操作，杜绝安全事故，确保任务实施质量	未执行扣6分		
			5	具有团队意识，小组成员分工协作，共同高质量完成任务	未执行扣6分		

续表

评价项目	比例	配分	序号	评价要素	评分标准	自评	教师评价
焊接工作站系统安装	70%	70分	1	掌握焊接工作站的组成	未掌握扣10分		
			2	能够正确选择焊接工作站硬件安装所需工具及零件	未掌握扣20分		
			3	能够按照正确的工艺流程完成焊接工作站的安装	未掌握扣20分		
			4	能够完成多工艺模块的电气连接	未掌握扣20分		
合计							

表3-4 活动过程评价表

评价指标	评价要素	分数	分数评定
信息检索	能有效利用网络资源、工作手册查找有效信息；能用自己的语言有条理地去解释、表述所学知识；能将查找到的信息有效转换到工作中	10	
感知工作	是否熟悉各自的工作岗位，认同工作价值；在工作中，是否获得满足感	10	
参与状态	与教师、同学之间是否相互尊重、理解、平等；与教师、同学之间是否能够保持多向、丰富、适宜的信息交流。 探究学习、自主学习不流于形式，处理好合作学习和独立思考的关系，做到有效学习；能提出有意义的问题或能发表个人见解；能按要求正确操作；能够倾听、协作分享	20	
学习方法	工作计划、操作技能是否符合规范要求；是否获得了进一步发展的能力	10	
工作过程	遵守管理规程，操作过程符合现场管理要求；平时上课的出勤情况和每天完成工作任务情况；善于多角度思考问题，能主动发现、提出有价值的问题	15	
思维状态	是否能发现问题、提出问题、分析问题、解决问题	10	
自评反馈	按时按质完成工作任务；较好地掌握了专业知识点；具有较强的信息分析能力和理解能力；具有较为全面严谨的思维能力并能条理明晰地表述成文	25	
总分		100	

任务 3.2　焊接系统通信参数及编程

 任务描述

焊接工作站在执行焊接工艺的过程中，工业机器人需要与周边设备进行大量的数据交换，主要包括焊接信号的传递以及焊接参数的交换。在焊接工作站安装完毕后，本任务主要描述各信号及参数的作用，要求根据实训指导手册配置对应的信号并设置相关参数。

 任务目标

1. 明确焊接系统各信号及参数的作用。
2. 根据操作步骤完成焊接系统的信号配置以及参数设置。

所需工具

安全操作指导书。

学时安排

建议学时共 6 学时，其中相关知识学习建议 4 学时，学员练习建议 2 学时。

工作流程

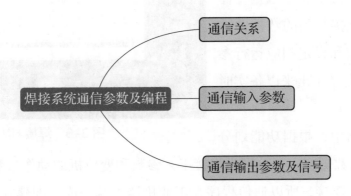

知识储备

1. 通信关系

在实际生产中，工业机器人激光焊接系统是一个庞大的家族，除了工业机器人之外，还包括激光发生器、激光头、工作台、除尘设备、变位机、冷却系统等组成部分，激光焊接的实施需要这些设备之间互相配合才能完成。本工作台综合考虑工业机器人与这些周边设备的数据交互方式，对这些方式进行统一简化处理。

在本工作台的焊接工作站中，工业机器人的通信方式主要有两类：一类是 I/O 信号交互方式，主要应用在工业机器人与末端工具的动作控制中；另一类是 TCP 通信方式，主要应用于工业机器人与 PLC 的数据交互过程中。

如图 3-5 所示，为工业机器人与 PLC 之间的 TCP 通信示意图。TCP/IP 通信是建立在连接上的一种通信方式，这个连接相当于通信的"桥梁"，对应不同的端口号这样的连接也可以建立多个，而通信的各种类型的数据好比这座桥上的"行人"或"车辆"。在此通信关系中，工业机器人作为客户端，将 PLC 作为服务器。

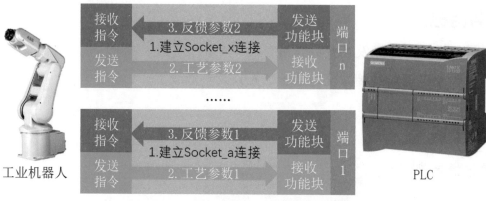

图 3-5　工业机器人的 TCP 通信示意图

在连接的基础上，工业机器人可以通过运行接收指令从 PLC 指定数据存储区读取相关数据，也可以通过运行发送指令将数据发送至 PLC 的指定数据存储位置。PLC 可以转化接收到的数据并控制设备做相应的动作和设定相应运行参数，或在 HMI 设备上显示出来以备实时监测（如图 3-6 所示）。

在本焊接工作站中，根据功能划分

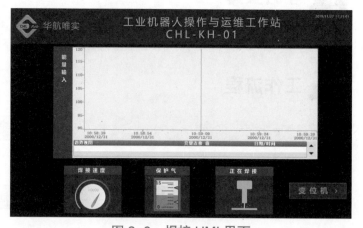

图 3-6　焊接 HMI 界面

主要分为两类参数的数据交互，分别为焊接工艺参数和变位机的动作参数。由于工业机器人作为客户端主动建立连接，所以通信程序在工业机器人端完成，即建立对应的 Socket 程序，以实现相关参数的发送和反馈接收。

具体连接的定义参数见表 3-5，其中 Socket 名称在不与系统参数名称冲突的前提下可以自定义设置。

表 3-5 新建 Socket 定义参数

序号	套接字名称	IP 地址	端口号	作用
1	Socket_Weld	以实际通信为准	2000	用于焊接工艺参数的发送和接收
2	Socket_Pos		2001	用于变位机动作参数的发送和接收

注意：当 ABB 工业机器人系统中建立有多个套接字时，只有将原本所有的套接字连接全部关闭掉，才能重新建立起新的套接字连接。

2. 通信输入参数

工业机器人的输入参数，主要为 PLC 向工业机器人反馈系统内各部件运行的状态，这些反馈信号在焊接过程中非常重要，比如待焊工件的夹紧状态，若未夹紧便开始执行激光焊，不仅会造成工件的焊后变形，而且在变位机运动时容易造成工件脱落从而引发安全事故。

如图 3-7 所示，我们在工业机器人端构建一个 num 型的一维数组 NumFeedback（包含两位元素），来接收焊接工作站中通过 PLC 发送的变位机相关反馈数据。每个元素的具体含义见表 3-6，我们对该数组举例说明。例如，状态反馈参数 NumFeedback[0,1] 即代表当前变位机夹具为松开状态，并已经运动到指定位置。

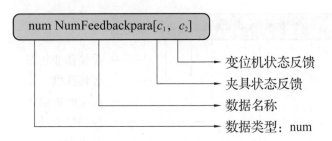

图 3-7 状态反馈参数 NumFeedback

表 3-6 状态反馈参数（NumFeedback）说明

位数	代表数	功能	取值范围（num）及具体说明
第 1 位	c_1	夹具状态反馈	0：变位机夹具松开状态
			1：变位机夹具夹紧状态
第 2 位	c_2	变位机状态反馈	0：变位机运动（定位、回原点）未到位
			1：变位机运动（定位、回原点）已到位

3. 通信输出参数及信号

工业机器人的通信输出参数及信号主要向焊接系统各部件发出动作指令与运行参数的作用。本工作站末端工具的快换动作和工业机器人的起焊动作是由工业机器人自身的 I/O 直接控制的，而焊接工艺参数 NumWeldpara{4} 和变位机伺服运动参数 NumServopara{6} 则通过 TCP/IP 通信直接传输至 PLC，再由 PLC 控制外部设备动作或设置相关参数。工业机器人的输出参数及信号功能说明见表 3-7。

表 3-7　焊接系统输出参数及信号功能说明

工业机器人信号	功能（I/O 位置）	备注说明
ToTDigGrip	夹爪（DSQC 652-DO4）	夹紧动作，高电位有效
ToTDigWeldOn	起焊（DSQC 652-DO6）	开始焊接的启动信号，高电位有效
ToTDigToolChange	快换（DSQC 652-DO7）	用于取放工业机器人末端工具，高电位有效
NumWeldpara{4}	焊接工艺参数	4 位 num 型数组，可传递焊接工艺参数
NumServopara{6}	变位机伺服运动参数	6 位 num 型数组，可传递变位机运动参数

1）焊接工艺参数

如图 3-8 所示，在工业机器人系统建立的焊接工艺参数数组 NumWeldpara{4} 中有 4 个元素，用于工业机器人向 PLC 发送具体的焊接参数，各参数的具体说明见表 3-8。需要注意的是，该数组的第 4 位元素"焊接作业状态"与起焊信号"ToTDigWeldOn"并不冲突，该元素传输至 PLC 之后便于调整对焊接系统整体运行状态的监控，并不执行具体的焊接动作。

我们对该数组举例说明，NumWeldpara[13,110,8,1] 即代表当前处于焊接状态，保护气流速为 13 L/min，焊接能量输入密度为 110 W/cm^2，焊速为 8 mm/s。

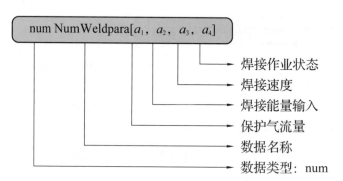

图 3-8　焊接工艺参数 NumWeldpara

表 3-8　焊接工艺参数（NumWeldpara）说明

位数	代表数/单位	功能	取值范围（num）及具体说明
第 1 位	a_1（L/min）	保护气流量	0~15：对应当前保护气的实际流速
第 2 位	a_2（W/cm^2）	焊接能量输入	90~120：对应当前焊接的实际功率密度值
第 3 位	a_3（mm/s）	焊接速度	0~20：对应当前实际焊接速度
第 4 位	a_4	焊接作业状态	0：当前工业机器人处于未焊接状态
			1：当前工业机器人处于正在焊接状态

2）变位机伺服运动参数

如图 3-9 所示，变位机伺服运动参数数组 NumServopara{6} 中有 6 个元素，用于工业机器人向 PLC 发送关于变位机运动的具体参数，各参数的具体说明见表 3-9。有了该参数数组即可实现工业机器人对变位机绝对定位、绝对速度的间接控制。需要注意的是，该数组第一个元素为变位机的启动参数，需要该元素由 0 至 1 的状态变化才能触发。

我们对该数组举例说明，NumServopara[0,1,60,20,0,1] → NumServopara[1,1,60,20,0,1] 即代表变位机开始启动，以 20°/s 的速度负向转动 60°，且控制当前变位机上的夹具处于夹紧状态。

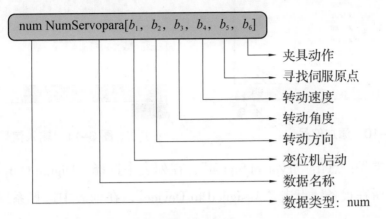

图 3-9　变位机伺服运动参数 NumServopara

表 3-9　变位机伺服运动参数（NumServopara）说明

位数	代表数 / 单位	功能	取值范围（num）及具体说明
第 1 位	b_1	变位机启动	变位机开始转动，0 → 1 即可触发该动作
第 2 位	b_2（±）	转动方向	0：正向转动
			1：负向转动
第 3 位	b_3（°）	转动角度	0~90：对应变位机的绝对位置（角度）
第 4 位	b_4（°/s）	转动速度	0~30：对应变位机的实际转速
第 5 位	b_5	寻找伺服原点	0：当前未触发回原点动作
			0 → 1：触发回原点动作
第 6 位	b_6	夹具动作	0：夹具松开
			1：夹具夹紧

任务实施

1. 焊接系统信号配置

焊接系统信号规划完成后，即可进行各信号的配置工作。此处我们以起焊信号 "ToTDigWeldOn" 为例，来展示焊接系统相关信号的配置方法。配置各信号的参数见表 3-7，具体步骤如下。

配置焊接系统
信号

（1）进入 ABB 主菜单，选择 "控制面板"。

（2）依次选择 "配置"，选择 "Signal"。

（3）点击 "添加"，如图 3-10 所示。

（4）双击 "Name"，信号命名 "ToTDigWeldOn"，点击 "确定"，如图 3-11 所示。（在设置其他数字量信号时，可以输入对应的信号名称）

图 3-10　添加信号

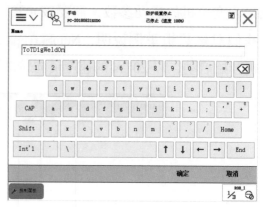

图 3-11　输入信号名称

（5）定义信号类型：点击"Type of Signal"，在列表中选择"Digital Output"。

（6）分配信号所在设备：点击"Assigned to Device"，在列表中选择系统所配置的通信模块 DSQC 652。

（7）点击"Device Mapping"，给信号分配地址，此处输入"6"（以实际设备为准），如图 3-12 所示。

（8）点击"是"，系统重启，重启后信号配置生效。如果有其他信号的配置，此处选择"否"，完成全部配置后，再进行重启，如图 3-13 所示。

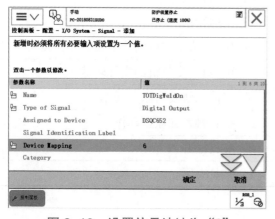

图 3-12　设置信号地址为"6"

图 3-13　重新启动选择界面

（9）信号定义完毕后，点击主菜单中的"输入输出"，如图 3-14 所示。

（10）在"输入输出"的对应视图中可查看配置成功的数字量 I/O 信号，如图 3-15 所示。

图 3-14　输入输出选项

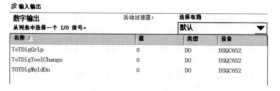

图 3-15　查看配置成功的数字量 I/O 信号

2. 新建焊接系统参数数组

传递参数之前，我们需要先构建参数，接下来我们以焊接工艺参数"NumWeldpara{4}"为例，展示数组的新建方法。需要注意的是，此处构建数组是为下一步的通信编程做准备，为了统一方便管理数据，这里我们将此任务所有构建的数组（或各类型变量）统一放入一个程序模块中。具体的参数数组新建步骤如下。

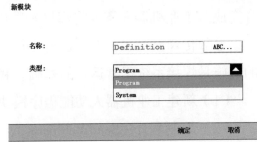

图 3-16　新建程序模块"Definition"

1）新建程序模块

（1）进入 ABB 主菜单，选择"程序编辑器"。

（2）新建模块，名称"Definition"（自定义），类型选择"Program"，然后点击"确定"，程序模块构建完毕，如图 3-16 所示。

2）新建参数数组

（1）在 ABB 主菜单中，选择"程序数据"。

（2）在全部数据类型中选择并点击"num"型数据，如图 3-17 所示。

（3）点击"新建"，如图 3-18 所示。

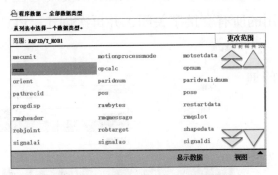

图 3-17　选择"num"型数据

图 3-18　新建数据

（4）在数据声明界面，输入新建数组的名称，定义其范围（全局）、存储类型（变量）以及存放的模块（Definition），如图 3-19 所示。

（5）点击"维数"，选择"1"，构建一维数组。该一维数组包含 4 个元素，修改元素个数为 4。最后点击"确定"，该数组构建完毕，如图 3-20 所示。

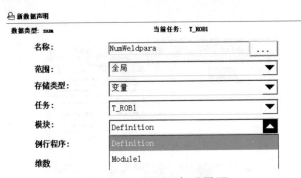

图 3-19　数据声明界面

图 3-20　完成数组声明设置

（6）按照上述方法，我们将焊接系统用到的参数数组全部构建完毕，如图 3-21 所示。

图 3-21 焊接系统用到的参数数组

3. 焊接系统通信编程

焊接工艺的实施，需要工业机器人和 PLC 配合完成。工业机器人需要将焊接参数以及变位机运动参数传递至 PLC，PLC 也需要将各相关设备的运行状态反馈至工业机器人，因此，通信的实施是焊接系统正常运行的基础。我们对焊接工作站的通信提出以下要求。

（1）新建工业机器人功能程序模块 Program，用于存储所有的功能程序；

（2）编制程序 CSendWeldpara( )，实现焊接参数 NumWeldpara{4} 由工业机器人传输至 PLC；

（3）编制程序 CSendPospara( )，实现变位机伺服运动参数 NumServopara{6} 由工业机器人传输至 PLC；

（4）编制程序 CReceiveBackpara( )，实现反馈参数 NumFeedback{2} 从 PLC 接收至工业机器人。

焊接系统通信编程

通信编程需要用到套接字 Socket，其定义可以参见表 3-5，由于套接字在使用过程中需要保证是新建立的，所以在编程之初需先将要使用的所有套接字关闭，并再次创建。PLC 的 IP 地址为 "192.168.0.1"，工业机器人需要安装 "PC Interface" 选项才能具备 TCP/IP 通信功能。具体的通信编程步骤如下。

1）新建功能程序模块 Program

新建功能程序模块 Program，程序类型选择 "Program"，如图 3-22 所示。

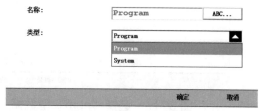

图 3-22 新建程序模块 Program

2）新建焊接参数通信程序 CSendWeldpara( )

（1）在新建的程序模块 Program 的 "文件" 栏中，选择 "新例行程序"。

（2）按图 3-23 所示声明程序，输入程序名称 "CSendWeldpara"。

（3）进入例行程序的编辑界面，点击 "添加指令"，在 "Communicate" 指令块中，选择关闭套接字指令 "SocketClose"，如图 3-24 所示。

图 3-23 新例行程序 "CSendWeldpara"

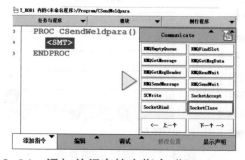

图 3-24 添加关闭套接字指令 "SocketClose"

（4）在关闭套接字指令"SocketClose"中，新建一个套接字，如图 3-25 所示。

（5）输入新建套接字的名称"Socket_Weld"，声明该数据在数据定义模块"Definition"中，如图 3-26 所示。然后点击"确定"，关闭套接字指令添加完毕。

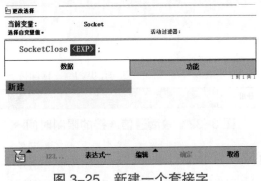

图 3-25　新建一个套接字

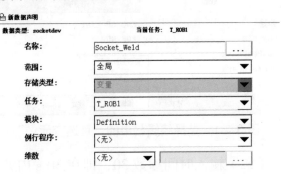

图 3-26　新建套接字"Socket_Weld"

（6）添加延时 0.5 s，然后添加"SocketCreate"指令，如图 3-27 所示。

（7）添加套接字连接指令"SocketConnect"，并选择编辑栏中的"ABC..."，输入通信的 IP 地址，如图 3-28 所示。

图 3-27　添加"SocketCreate"指令

图 3-28　添加套接字连接指令"SocketConnect"

（8）输入 PLC 的 IP 地址：192.168.0.1，如图 3-29 所示。

（9）选择通信端口号：2000，如图 3-30 所示。

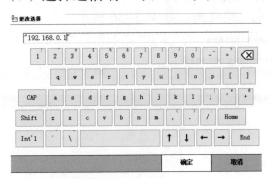

图 3-29　输入 IP 地址

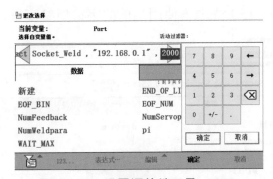

图 3-30　设置通信端口号：2000

（10）点击设定的端口号，选择编辑栏中的"可选变元…"，为该端口号设置限制时间，如图 3-31 所示。

（11）选择参变量 [\Time]，点击"使用"，激活该限制时间，如图 3-32 所示。

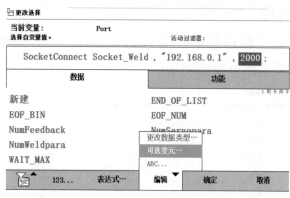

图 3-31　选择编辑栏中的"可选变元…"

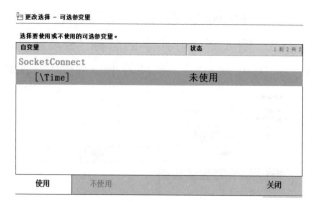

图 3-32　激活通信连接的限制时间

（12）输入时间参数 30，即在 30 s 内如果没有成功连接，工业机器人系统即会报错，该参数数值可根据实际需求设定。另外，如果不使用该限制时间，当工业机器人出现通信连接故障时，系统不会报错，程序指针将会停止在此语句，如图 3-33 所示。

（13）添加延时 0.2 s，然后选择发送套接字指令"SocketSend"，如图 3-34 所示。

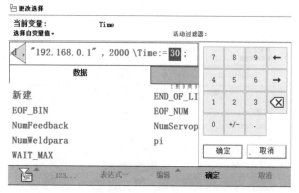

图 3-33　设置通信连接时间限制为 30 s

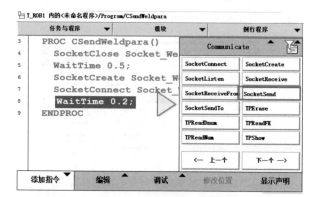

图 3-34　添加延时后添加发送套接字指令

（14）接下来的步骤，主要为改变发送数据的类型。如图 3-35 所示，选择发送数据的位置 <EXP>，在编辑栏中选择"可选变元…"。

（15）先取消使用当前的字符型参变量，然后关闭此页面，如图 3-36 所示。

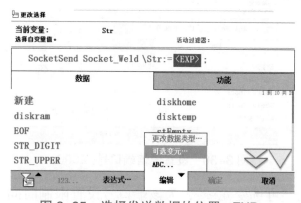

图 3-35　选择发送数据的位置 <EXP>

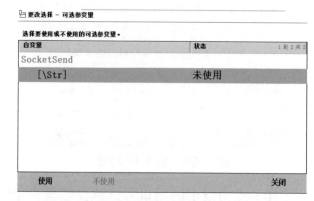

图 3-36　取消使用当前的字符型参变量

（16）在程序编辑界面，双击"SocketSend"指令语句，如图 3-37 所示。

（17）在指令编辑界面，点击"可选变量"，如图 3-38 所示。

图3-37 双击"SocketSend"指令语句

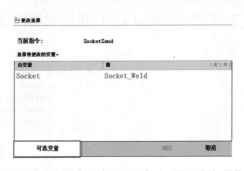

图3-38 指令编辑界面点击"可选变量"

（18）点击自变量栏的首行，重新为该指令选择发送数据的类型，如图3-39所示。

（19）选择"\Data"，点击"使用"，如图3-40所示。

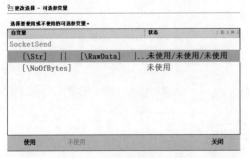

图3-39 重新选择发送数据的类型

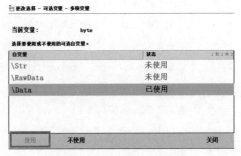

图3-40 点击"使用"

（20）然后在"SocketSend"中选择"表达式…"，如图3-41所示。

（21）点击"更改数据类型…"将默认的"byte"型数据更改为"num"型数据，如图3-42所示。

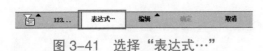

图3-41 选择"表达式…"

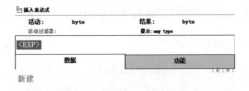

图3-42 将数据类型更改为"num"型数据

（22）选择需要发送的焊接参数数组：NumWeldpara，点击"确定"，如图3-43所示。

（23）套接字发送指令编辑完毕，如图3-44所示。

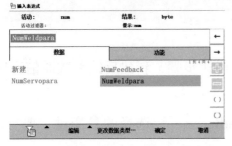

图3-43 选择需要发送的焊接参数数组

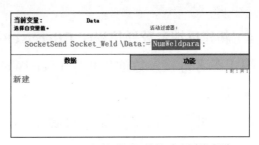

图3-44 套接字发送指令编辑完毕

（24）添加延时 2 s，以保证足够的数据传输时间。最后关闭套接字：Socket_Weld，如图 3-45 所示。

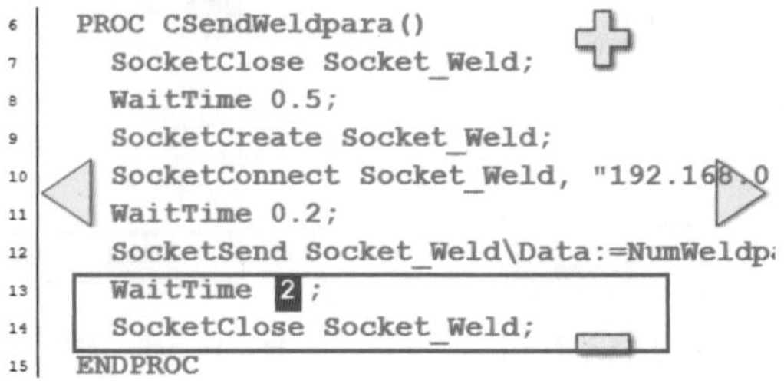

图 3-45　添加延时 2 s 后关闭套接字

（25）整理程序如下。

```
PROC CSendWeldpara()
    SocketClose Socket_Weld;
    WaitTime 0.5;
    SocketCreate Socket_Weld;
    SocketConnect Socket_Weld, "192.168.0.1", 2000\Time:=30;
    WaitTime 0.2;
    SocketSend Socket_Weld\Data:=NumWeldpara;
    WaitTime 2;
    SocketClose Socket_Weld;
ENDPROC
```

3）新建伺服运动参数通信程序 CSendPospara( )

参考焊接参数通信程序 CSendWeldpara( ) 的构建步骤，新建伺服运动参数通信程序。

注意：伺服运动参数传输的端口号为 2001，传输的数组为 NumServopara。

整理程序如下。

```
PROC CSendPospara()
    SocketClose Socket_Pos;
    WaitTime 0.5;
    SocketCreate Socket_Pos;
    SocketConnect Socket_Pos, "192.168.0.1", 2001\Time:=30;
    WaitTime 0.2;
    SocketSend Socket_Pos\Data:=NumServopara;
    WaitTime 2;
    SocketClose Socket_Pos;
ENDPROC
```

4）新建反馈参数通信程序 CReceiveBackpara( )

（1）参考焊接参数通信程序 CSendWeldpara( ) 的构建步骤，新建反馈参数通信程序，如图 3-46 所示。

注意：此程序需要添加接收套接字指令 "SocketReceive"，选择的参变量主要有两个：\Data 和 \Time。

（2）伺服运动参数传输也需要借助套接字 Socket_Pos，传输的数组为 NumFeedback，如图 3-47 所示。这里选用的时间参数为 20，即运行接收指令 20 s 之后如果没有收到相关的数据，工业机器人系统就会显示错误。

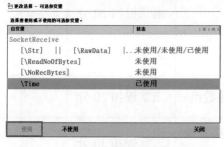

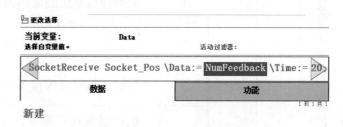

图 3-46　新建反馈参数通信程序　　　　图 3-47　设定参数接收时间为 20 s

整理程序如下。

```
PROC CReceiveBackpara()
    SocketClose Socket_Pos;
    WaitTime 0.5;
    SocketCreate Socket_Pos;
    SocketConnect Socket_Pos, "192.168.0.1", 2001\Time:=30;
    WaitTime 0.2;
    SocketReceive Socket_Pos\Data:=NumFeedback\Time:=20;
    WaitTime 2;
    SocketClose Socket_Pos;
ENDPROC
```

 任务评价

任务评价表见表 3-10，活动过程评价表见表 3-11。

表 3-10　任务评价表

评价项目	比例	配分	序号	评价要素	评分标准	自评	教师评价
6S 职业素养	30%	30 分	1	选用适合的工具实施任务，清理无须使用的工具	未执行扣 6 分		
			2	合理布置任务所需使用的工具，明确标识	未执行扣 6 分		
			3	清除工作场所内的脏污，发现设备异常立即记录并处理	未执行扣 6 分		
			4	规范操作，杜绝安全事故，确保任务实施质量	未执行扣 6 分		
			5	具有团队意识，小组成员分工协作，共同高质量完成任务	未执行扣 6 分		

续表

评价项目	比例	配分	序号	评价要素	评分标准	自评	教师评价
焊接系统通信参数及编程	70%	70分	1	明确焊接系统的通信关系	未掌握扣10分		
			2	能够正确配置焊接系统的信号	未掌握扣10分		
			3	能够正确建立焊接系统的参数数组	未掌握扣20分		
			4	能够根据通信需求，完成焊接系统的通信编程	未掌握扣30分		
合计							

表3-11　活动过程评价表

评价指标	评价要素	分数	分数评定
信息检索	能有效利用网络资源、工作手册查找有效信息；能用自己的语言有条理地去解释、表述所学知识；能将查找到的信息有效转换到工作中	10	
感知工作	是否熟悉各自的工作岗位，认同工作价值；在工作中，是否获得满足感	10	
参与状态	与教师、同学之间是否相互尊重、理解、平等；与教师、同学之间是否能够保持多向、丰富、适宜的信息交流。 探究学习、自主学习不流于形式，处理好合作学习和独立思考的关系，做到有效学习；能提出有意义的问题或能发表个人见解；能按要求正确操作；能够倾听、协作分享	20	
学习方法	工作计划、操作技能是否符合规范要求；是否获得了进一步发展的能力	10	
工作过程	遵守管理规程，操作过程符合现场管理要求；平时上课的出勤情况和每天完成工作任务情况；善于多角度思考问题，能主动发现、提出有价值的问题	15	
思维状态	是否能发现问题、提出问题、分析问题、解决问题	10	
自评反馈	按时按质完成工作任务；较好地掌握了专业知识点；具有较强的信息分析能力和理解能力；具有较为全面严谨的思维能力并能条理明晰地表述成文	25	
总分		100	

任务 3.3　Ⅰ形坡口焊编程与调试

 任务描述

焊接工作站的焊接对象为打磨加工后的工件（含坡口）。焊接工作站主要模拟实际生产过程中的激光焊接工艺，其编程方式和实际生产中的编程方式基本一致。本任务将在待焊工件的Ⅰ形坡口处进行模拟激光焊操作，在任务中需要根据实训指导手册完成Ⅰ形坡口焊的程序编制及调试。

 任务目标

1. 明确焊接工艺实施的示教编程流程。
2. 根据工件的待焊位置，进行相应点位以及焊枪姿态的示教。
3. 能够根据示教编程流程，进行Ⅰ形坡口焊的示教编程。
4. 利用焊接工作站进行Ⅰ形坡口焊的模拟调试。

 所需工具

安全操作指导书。

 学时安排

建议学时共 8 学时，其中相关知识学习建议 4 学时，学员练习建议 4 学时。

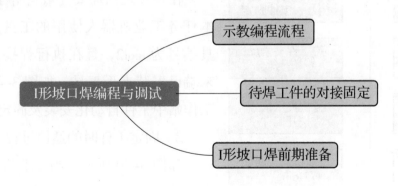 **工作流程**

知识储备

1. 示教编程流程

焊接机器人示教编程与通用型工业机器人示教编程的基本流程相似，有离线编程和在线示教编程两种方式。其中在线示教编程有两种方式：一种为先编程后示教，另一种为编程和示教同时进行。前者，将编程的操作与现场隔离开，可在相对安静的环境中编写程序，再到现场将程序导入工业机器人系统中，最后修改示教点的位置，一般应用于工业机器人工艺较为固定、现场环境相对恶劣的场景，如焊接、涂胶等。后者，编程与示教同时进行，主要用于现场环境对人体无影响，工业机器人轨迹路径等不确定，要根据现场情况来确定工业机器人动作的场景。本项目工业机器人工作轨迹、焊接工艺可以确定，因此，选择先编程后示教的方式。

如图 3-48 所示，为焊接示教编程的具体流程。后续将以此为操作依据来实施焊接示教编程。

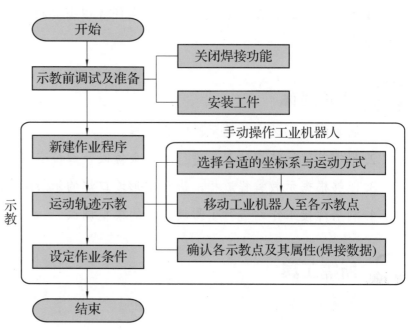

图 3-48　焊接示教编程流程

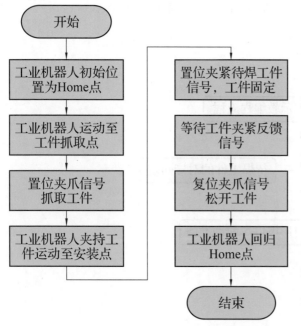

图 3-49　工件自动对接固定编制流程

2. 待焊工件的对接固定

1）待焊工件对接固定流程

在焊接之前需要完成待焊工件的安装固定，本任务工业机器人使用的工具为夹爪工具，工具编号为 tool2，且在执行焊接之初工业机器人末端已安装夹爪工具。如图 3-49 所示，是焊接工作站中工件自动化安装及固定的流程。

2）固定工件时的通信过程

如图 3-50 所示，当工业机器人发出夹紧待焊工件的命令时，PLC 接收到相关数据即可控制变位机上的固定夹具开始运动，从而夹紧工件。完成工件夹紧后，PLC 则会反馈给工业机器人工件固定完毕的相关数据，此时工业机器人才会松开夹爪工具并返回至 Home 点。如图 3-51 所示，即为安装后的待焊工件。

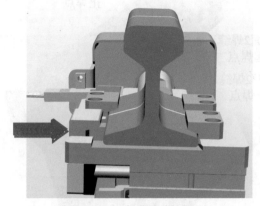

图 3-50　夹具夹紧动作

图 3-51　待焊工件安装完毕

3）示教点位分布

焊接工作站的焊接工位（变位机）上初始已装夹一个待焊工件。如图 3-52 所示，分别为准备抓取待焊工件到抓取待焊工件过程所使用的工作点位。

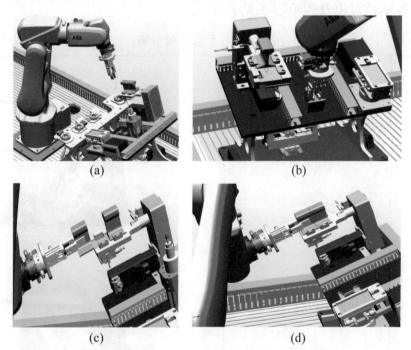

图 3-52　自动对接固定点位分布

（a）焊接工作站准备点——Area0720R；（b）工件抓取点——Area0721W；
（c）待焊工件安装起点——Area0722W；（d）待焊工件安装终点——Area0723W

3. I 形坡口焊前期准备

1）焊接位置及点位分布

坡口定位焊案例主要焊接部位为工件上的顶面和两侧面。如图 3-53 所示，为待焊工件的焊接部位。

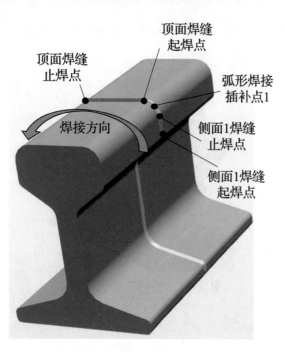
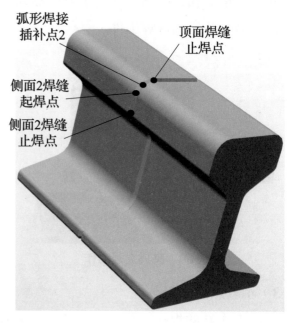

图 3-53　焊接位置

Ⅰ形坡口焊各示教点位及焊枪姿态见表 3-12。

表 3-12　示教点位分布

点位	功能	姿态示意图
Area0701R	焊接准备点	
Area0702W	侧面 1 焊缝起焊点	
Area0703W	侧面 1 焊缝止焊点	

点位	功能	姿态示意图
Area0704W	弧形焊接插补点 1	
Area0705W	顶面焊缝起焊点	
Area0706W	顶面焊缝止焊点	
Area0707W	弧形焊接插补点 2	参考弧形焊接插补点 1
Area0708W	侧面 2 焊缝起焊点	参考侧面 1 焊缝止焊点
Area0709W	侧面 2 焊缝止焊点	参考侧面 1 焊缝起焊点
Area0710R	焊接规避点	

2）工业机器人焊接流程

在焊接任务中，工业机器人末端工具为模拟激光头，工具编号为tool1。在模拟激光焊之初，可操作工业机器人将其末端工具更换为模拟激光头。工业机器人 I 形坡口焊的焊接流程如图 3-54 所示。

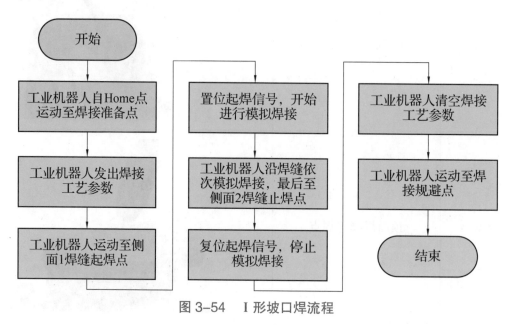

图 3-54　I 形坡口焊流程

任务实施

1. 待焊工件的对接固定编程

接下来我们新建一个能够实现安装工件的例行程序 PInstall( )。工件自动对接固定流程程序可以包含取工件、夹紧、放工件三个子程序。其中要求变位机夹紧子程序利用带参数的例行程序可以实现夹紧和张开两个动作。具体编程操作如下。

1）新建变位机夹紧子程序 FPosClamp（0：松开；1：夹紧）

（1）在程序模块 Program 中新建带参数的例行程序：FPosClamp，程序类型选择"程序"，点击参数栏中的"…"，如图 3-55 所示。

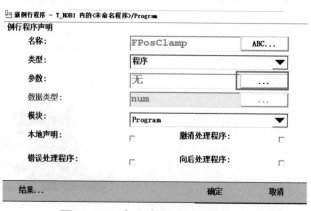

图 3-55　点击参数栏中的"…"

（2）点击"添加"，添加 num 型输入参数"i"，如图 3-56 所示。

（3）添加参数完毕后，程序声明界面如图 3-57 所示，点击"确定"，并进入程序编辑界面。

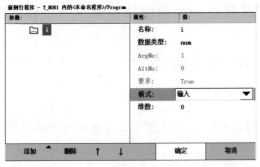

图 3-56　添加 num 型输入参数"i"

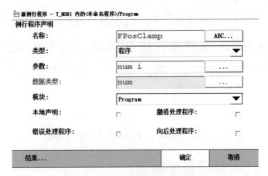

图 3-57　程序声明界面

（4）将变位机伺服运动数组的第 6 位（夹具动作）赋值为程序的参数值，然后调用伺服运动参数发送程序 CSendPospara，并添加一定延时（1 s），以保证数据传输至 PLC，如图 3-58 所示。

（5）调用反馈数据接收程序 CReceiveBackpara，并添加一定延时（1 s），留有足够时间保证工业机器人接收到数据。等待反馈参数数组的第 1 位（夹具状态）为程序参数的指定状态，如图 3-59 所示。

```
34  PROC FPosClamp(num i)
35      NumServopara{6} := i;
36      CSendPospara;
37      WaitTime 1;
```

图 3-58　发送变位机夹具运动参数程序段

```
38      CReceiveBackpara;
39      WaitTime 1;
40      WaitUntil NumFeedback{1} = i;
```

图 3-59　等待变位机夹具运动状态参数反馈程序段

（6）整理程序如下。

```
PROC FPosClamp(num i)
    NumServopara{6} := i;
    CSendPospara;
    WaitTime 1;
    CReceiveBackpara;
    WaitTime 1;
    WaitUntil NumFeedback{1} = i;
ENDPROC
```

2）新建取工件子程序 MGetWorkpiece

（1）在程序模块 Program 中新建例行程序：MGetWorkpiece，程序类型选择"程序"，点击"确定"并进入该程序编辑界面。

（2）工业机器人按照 Home 点→工作站准备点→抓取偏移位置点→抓取点的路径运动。需要注意：在抓取之前需要复位夹爪夹紧信号 ToTDigGrip，保证夹爪处于张开状态，如图 3-60 所示。

```
42  PROC MGetWorkpiece()
43      MoveAbsJ Home\NoEOffs, v400, z50, tool2;
44      MoveJ Area0720R, v100, z10, tool2;
45      Reset ToTDigGrip;
46      MoveL Offs(Area0721W,0,0,50), v100, z10, t
47      MoveL Area0721W, v50, fine, tool2;
```

图 3-60　运动至工件抓取点程序段

（3）置位夹爪夹紧信号，在夹紧前后预留等待时间，保证末端工具动作到位，如图3-61所示。

（4）工业机器人在抓取工件的状态下，按照抓起点→抓取偏移位置点→工作站准备点→Home点的路径进行运动，如图3-62所示。

```
47  MoveL Area0721W, v50, fine, tool2;
48  WaitTime 0.5;
49  Set ToTDigGrip;
50  WaitTime 0.5;
```

图3-61　抓取工件程序段

```
50  WaitTime 0.5;
51  MoveL Offs(Area0721W,0,0,50), v50, fine, t
52  MoveJ Area0720R, v100, z10, tool2;
53  MoveAbsJ Home\NoEOffs, v400, z50, tool2;
54  ENDPROC
```

图3-62　机器人抓取工件返回Home点程序段

（5）整理程序如下。

```
PROC MGetWorkpiece()
        MoveAbsJ Home\NoEOffs, v400, z50, tool2;
        MoveJ Area0720R, v100, z10, tool2;
        Reset ToTDigGrip;
        MoveL Offs(Area0721W,0,0,50), v100, z10, tool2;
        MoveL Area0721W, v50, fine, tool2;
        WaitTime 0.5;
        Set ToTDigGrip;
        WaitTime 0.5;
        MoveL Offs(Area0721W,0,0,50), v50, fine, tool2;
        MoveJ Area0720R, v100, z10, tool2;
        MoveAbsJ Home\NoEOffs, v400, z50, tool2;
ENDPROC
```

3）新建放置工件子程序 MPutWorkpiece

（1）参照取工件子程序 MGetWorkpiece 的编程方式，工业机器人夹持工件按照 Home 点→工作站准备点→安装起点偏移位置→安装起点→安装终点的路径将工件放置在变位机台面上，如图3-63所示。

```
55  PROC MPutWorkpiece()
56      MoveAbsJ Home\NoEOffs, v400, z50, tool2;
57      MoveJ Area0720R, v100, z10, tool2;
58      MoveL Offs(Area0722W,0,0,50), v100, fine,
59      MoveL Area0722W, v50, fine, tool2;
60      MoveL Area0723W, v20, fine, tool2;
```

图3-63　工业机器人将工件放置在变位机台面上程序段

（2）调用子程序 FPosClamp 1，保证变位机已夹紧工件，然后复位夹爪夹紧信号 ToTDigGrip，工业机器人松开工件，如图3-64所示。

（3）工业机器人按照安装终点→安装起点→安装起点偏移位置→工作站准备点→Home点的路径离开变位机台面，如图3-65所示。

```
60  MoveL Area0723W, v20, fine, tool2;
61  WaitTime 0.5;
62  FPosClamp 1;
63  Reset ToTDigGrip;
64  WaitTime 0.5;
```

图3-64　变位机夹紧工件程序段

```
64  WaitTime 0.5;
65  MoveL Area0722W, v20, fine, tool2;
66  MoveL Offs(Area0722W,0,0,50), v50, fine, t
67  MoveJ Area0720R, v100, z10, tool2;
68  MoveAbsJ Home\NoEOffs, v400, z50, tool2;
69  ENDPROC
```

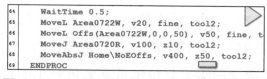

图3-65　工业机器人返回至Home点程序段

（4）整理程序如下。

```
PROC MPutWorkpiece()
    MoveAbsJ Home\NoEOffs, v400, z50, tool2;
    MoveJ Area0720R, v100, z10, tool2;
    MoveL Offs(Area0722W,0,0,50), v100, fine, tool2;
    MoveL Area0722W, v50, fine, tool2;
    MoveL Area0723W, v20, fine, tool2;
    WaitTime 0.5;
    FPosClamp 1;
    Reset ToTDigGrip;
    WaitTime 0.5;
    MoveL Area0722W, v20, fine, tool2;
    MoveL Offs(Area0722W,0,0,50), v50, fine, tool2;
    MoveJ Area0720R, v100, z10, tool2;
    MoveAbsJ Home\NoEOffs, v400, z50, tool2;
ENDPROC
```

4）新建安装工件例行程序 PInstall

（1）在程序模块 Program 中新建例行程序：PInstall，程序类型选择"程序"，点击"确定"，并进入该程序编辑界面。

（2）该例行程序为待焊工件安装的流程程序，主要利用"ProCall"指令调用已经编辑完成的子程序。根据安装流程，按照安装流程顺序依次选择相应的子程序，如图 3-66 所示，完成抓取待焊工具、松开变位机夹具、放置并安装待焊工件这三个步骤。

图 3-66　安装工件例行程序 PInstall

2. I 形坡口焊示教编程

激光焊的焊接工艺参数主要包括焊接能量输入、焊接速度、保护气流速以及焦点位置。本任务的具体要求见表 3-13。在此要求工业机器人可以将当前焊接速度（常量）传输至 PLC，以备监测使用。起焊之后与止焊之前均需要添加短暂延时，以平衡焊接过程的热输入。止焊之后，保护气需要延后一段时间关闭，以免焊缝由于高温被氧化。

I 型坡口焊示教编程

表 3-13　激光焊工艺要求

工艺参数	焊接能量输入—功率密度	焊接速度	保护气流速	焦点位置
范围要求	$104 \sim 106$ W/cm^2	10 mm/s	13 L/min	8 mm

根据工业机器人焊接工艺流程以及工艺要求，开始进行 I 形坡口焊的示教编程，具体操作步骤如下（为方便焊接参数的赋值及发送，可以利用参数化编程的方式完成此赋值任务）。

1）新建 TCP 中心点移动速度数据 weldspeed

（1）在主菜单的程序数据中点击"程序数据"，点击右下角"视图"，查找全部数据类型中的"speeddata"，如图 3-67 所示。

（2）我们在此新建一个 speeddata 类型的数据"weldspeed"，该数据主要用于代表焊接速度。具体声明如图 3-68 所示。

图 3-67　查找 speeddata 类型的数据

图 3-68　新建 speeddata 类型的数据"weldspeed"

（3）新建完成后，在编辑栏中选择"更改值"，如图 3-69 所示。

（4）将工具中心的速度值 v_tcp 修改为 10，如图 3-70 所示。在进行对应焊接程序的运动语句设置时采用此速度数据，即可满足题目中对焊接速度的要求。

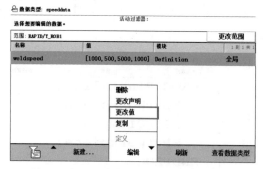

图 3-69　在编辑栏中选择"更改值"

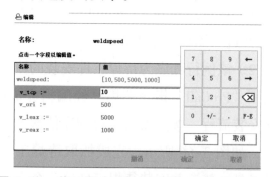

图 3-70　将工具中心的速度值 v_tcp 修改为 10

2）焊接参数赋值程序 FWeldpara

（1）新建焊接参数赋值程序：FWeldpara。点击"例行程序声明"中的参数栏"…"，如图 3-71 所示。

（2）为焊接工艺参数添加形参，分别为：气体流量参数形参 GasFlow、焊接能量输入参数形参 WeldPower、焊接作业状态形参 Running，如图 3-72 所示。

图 3-71　新建焊接参数赋值程序 FWeldpara

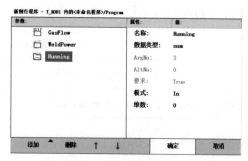

图 3-72　添加焊接工艺参数

（3）进入程序编辑界面，利用赋值指令"：="，将形参 GasFlow 赋值给焊接参数数组 NumWeldpara 的第 1 位，如图 3-73 所示。

（4）利用同样的方式，将焊接参数数组的第 2 位、第 4 位均赋值为对应形参的值，如图 3-74 所示。

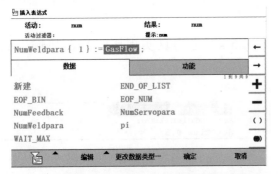

图 3-73　将形参 GasFlow 赋值给焊接参数数组
NumWeldpara 的第 1 位

图 3-74　焊接参数赋值程序段

（5）焊接参数数组 NumWeldpara 的第 3 位为焊接速度，赋值时需要先更改赋值数据的数据类型，即点击下边栏的"更改数据类型…"，将数据类型更改为 speeddata，如图 3-75 所示。

（6）点击编辑栏中的"添加记录组件"，选择速度数据 weldspeed 中工具中心的 TCP 速度，选择完成后，如图 3-76 所示。

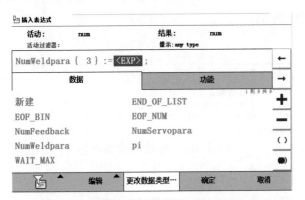

图 3-75　将数据类型更改为 speeddata

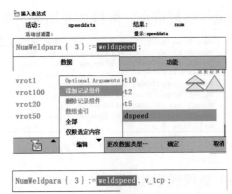

图 3-76　选择速度数据 weldspeed 中
工具中心的 TCP 速度

（7）调用焊接参数发送程序 CSendWeldpara。该程序即可满足将形参的输入值传输至 PLC。

整理程序如下。

```
PROC FWeldpara(num GasFlow,num WeldPower,num Running)
    NumWeldpara{1} := GasFlow;
    NumWeldpara{2} := WeldPower;
    NumWeldpara{3} := weldspeed.v_tcp;
    NumWeldpara{4} := Running;
    CSendWeldpara;
ENDPROC
```

3）新建 I 形坡口焊例行程序 PWeldI

（1）新建 I 形坡口焊子程序"PWeldI"。

（2）工业机器人经焊接准备点运动至起焊点，然后调用焊接参数赋值程序，赋值保护气流量参数为 13，焊接能量输入为 105，且当前工作状态切换为正在焊接（参数值为 1），如图 3-77 所示。

（3）置位起焊信号"ToTDigWeldOn"，此处延时 0.5 s，是为真实焊接时平衡热输入而设定，如图 3-78 所示。

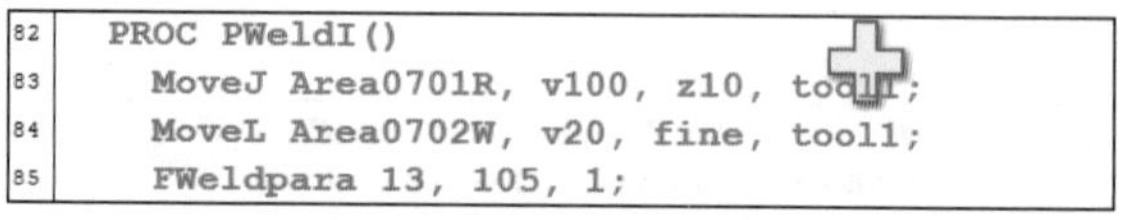

```
82   PROC PWeldI()
83      MoveJ Area0701R, v100, z10, tool1;
84      MoveL Area0702W, v20, fine, tool1;
85      FWeldpara 13, 105, 1;
```

图 3-77　工业机器人运动至起焊点然后设置焊接
参数程序段

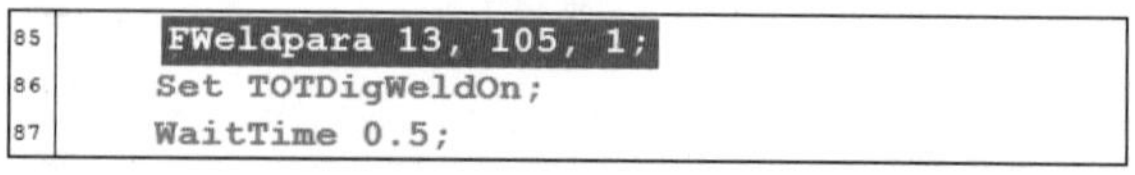

```
85   FWeldpara 13, 105, 1;
86   Set TOTDigWeldOn;
87   WaitTime 0.5;
```

图 3-78　起焊程序段

（4）延时 0.5 s 开始移动焊点，工业机器人依次经过每个焊接工作点位，运动至最后一个止焊点时，焊接动作保持 0.5 s。注意：运动指令的速度参数选择焊接速度数据：weldspeed，如图 3-79 所示。

（5）复位起焊信号"ToTDigWeldOn"，延时 2 s 之后，将焊接参数均设置为 0。此处延时 2 s 是为防止实际焊缝由于过热而氧化，通入保护气之后可有效冷却焊缝。最后，工业机器人运动至焊接规避点，焊接作业结束，如图 3-80 所示。

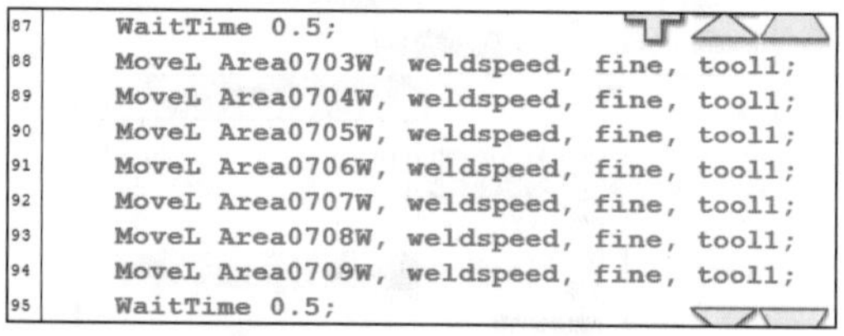

```
87   WaitTime 0.5;
88   MoveL Area0703W, weldspeed, fine, tool1;
89   MoveL Area0704W, weldspeed, fine, tool1;
90   MoveL Area0705W, weldspeed, fine, tool1;
91   MoveL Area0706W, weldspeed, fine, tool1;
92   MoveL Area0707W, weldspeed, fine, tool1;
93   MoveL Area0708W, weldspeed, fine, tool1;
94   MoveL Area0709W, weldspeed, fine, tool1;
95   WaitTime 0.5;
```

图 3-79　焊接程序段

```
95    WaitTime 0.5;
96    Reset TOTDigWeldOn;
97    WaitTime 2;
98    FWeldpara 0, 0, 0;
99    MoveL Area0710R, v100, fine, tool1;
100   ENDPROC
```

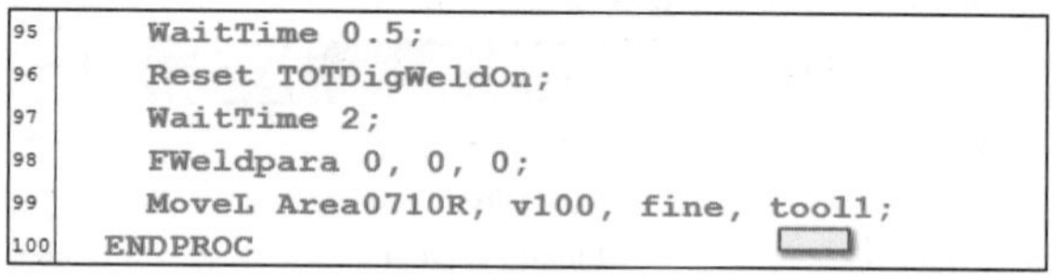

图 3-80　焊接结束程序段

（6）整理程序如下。

```
PROC PWeldI()
    MoveJ Area0701R, v100, z10, tool1;
    MoveL Area0702W, v20, fine, tool1;
    FWeldpara 13, 105, 1;
    Set TOTDigWeldOn;
    WaitTime 0.5;
    MoveL Area0703W, weldspeed, fine, tool1;
    MoveL Area0704W, weldspeed, fine, tool1;
    MoveL Area0705W, weldspeed, fine, tool1;
    MoveL Area0706W, weldspeed, fine, tool1;
    MoveL Area0707W, weldspeed, fine, tool1;
    MoveL Area0708W, weldspeed, fine, tool1;
    MoveL Area0709W, weldspeed, fine, tool1;
    WaitTime 0.5;
```

```
        Reset TOTDigWeldOn;
        WaitTime 2;
        FWeldpara 0, 0, 0;
        MoveL Area0710R, v100, fine, tool1;
    ENDPROC
```

（7）按照点位姿态需求，依次对程序各点位进行示教，如图 3-81 所示。

（8）在主程序"main"中，调用 I 形坡口焊例行程序 PWeldI，I 形坡口焊主程序编制完成，如图 3-82 所示。

图 3-81　对各点位进行示教

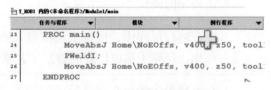

图 3-82　I 形坡口焊主程序

3. I 形坡口焊调试运行

1）I 形坡口焊调试流程

工业机器人 I 形坡口焊调试流程如图 3-83 所示。

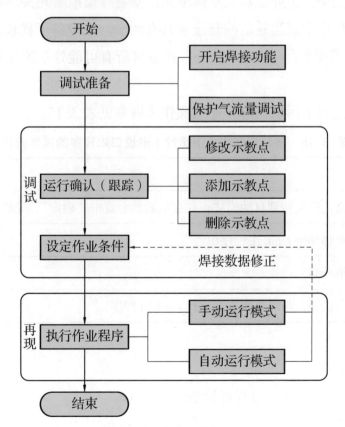

图 3-83　焊接调试流程

2）I 形坡口焊调试步骤

手动控制模式下运行 I 形坡口焊程序的操作步骤参见表 3-14。

注意：在运行 I 形坡口焊程序前，需先确认焊接变位机上的工件已经安装固定完毕，工业机器人本体单元已安装好模拟激光头。

表 3-14 手动控制模式下运行 I 形坡口焊程序的操作流程

序号	操作
1	将控制柜模式开关转到手动模式
2	进入程序编辑界面，将程序指针移至 I 形坡口焊程序（PWeldI）
3	按下"使能"按钮并保持在中间挡，按压程序调试按钮"前进一步"，逐步运行，并完成程序的调试
4	在运行过程中，根据工业机器人的实际运行速度、焊枪与工件的间距以及红外灯的闪烁频率，调整 I 形坡口焊的焊接工艺参数
5	完成程序的单步调试后，可按下"使能"按钮并保持中间挡，按压"启动"按钮，进行 I 形坡口焊程序的连续运行

3）自动控制模式下运行 I 形坡口焊程序主程序

在运行 I 形坡口焊程序前，需完成手动控制模式下程序的调试；需先确认焊接变位机上的工件已经安装固定完毕，工业机器人本体单元已安装好模拟激光头。

注意：本焊接主程序中新建通信的套接字共有两个。在设备干扰较大时可能会出现通信异常的状态，此时只需要利用"SocketClose"指令将所有可能处于连接状态的套接字全部关闭掉即可。

自动控制模式下运行 I 形坡口焊程序的操作步骤参见表 3-15。

表 3-15 自动控制模式下运行 I 形坡口焊程序的操作流程

序号	操作
1	将控制柜模式开关转到自动模式，并在示教器上点击"确定"，完成确认模式的更改操作
2	将程序指针移动至 main 主程序中
3	按下"电机开启"
4	按"启动"按钮，则可直接连续运行 main（）程序

 **任务评价**

任务评价表见表 3-16，活动过程评价表见表 3-17。

表 3-16 任务评价表

评价项目	比例	配分	序号	评价要素	评分标准	自评	教师评价
6S 职业素养	30%	30分	1	选用适合的工具实施任务，清理无须使用的工具	未执行扣6分		
			2	合理布置任务所需使用的工具，明确标识	未执行扣6分		
			3	清除工作场所内的脏污，发现设备异常立即记录并处理	未执行扣6分		
			4	规范操作，杜绝安全事故，确保任务实施质量	未执行扣6分		
			5	具有团队意识，小组成员分工协作，共同高质量完成任务	未执行扣6分		
I 形坡口焊编程与调试	70%	70分	1	掌握 I 形坡口焊的编程流程	未掌握扣10分		
			2	能够做好工件对接固定和 I 形坡口焊的前期准备	未掌握扣10分		
			3	能够按照工艺流程完成待焊工件的对接固定编程	未掌握扣20分		
			4	能够按照工艺流程完成 I 形坡口焊的示教编程	未掌握扣20分		
			5	能够完成 I 形坡口焊程序的调试运行	未掌握扣10分		
合计							

表 3-17 活动过程评价表

评价指标	评价要素	分数	分数评定
信息检索	能有效利用网络资源、工作手册查找有效信息；能用自己的语言有条理地去解释、表述所学知识；能将查找到的信息有效转换到工作中	10	
感知工作	是否熟悉各自的工作岗位，认同工作价值；在工作中，是否获得满足感	10	
参与状态	与教师、同学之间是否相互尊重、理解、平等；与教师、同学之间是否能够保持多向、丰富、适宜的信息交流。 探究学习、自主学习不流于形式，处理好合作学习和独立思考的关系，做到有效学习；能提出有意义的问题或能发表个人见解；能按要求正确操作；能够倾听、协作分享	20	

评价指标	评价要素	分数	分数评定
学习方法	工作计划、操作技能是否符合规范要求；是否获得了进一步发展的能力	10	
工作过程	遵守管理规程，操作过程符合现场管理要求；平时上课的出勤情况和每天完成工作任务情况；善于多角度思考问题，能主动发现、提出有价值的问题	15	
思维状态	是否能发现问题、提出问题、分析问题、解决问题	10	
自评反馈	按时按质完成工作任务；较好地掌握了专业知识点；具有较强的信息分析能力和理解能力；具有较为全面严谨的思维能力并能条理明晰地表述成文	25	
总分		100	

任务 3.4　对接变位焊编程与调试

任务描述

将焊接系统信号和参数设置完毕后，即可进行焊接工艺的实施。本任务将在待焊工件的凹形位置处进行模拟激光焊操作，在熟练操作变位机的基础上，根据实训指导手册完成对接变位焊的程序编制及调试。

任务目标

1. 确认待焊工件的装夹位置，通过编程实现自动化装夹。

2. 了解变位机的功能以及姿态变化范围，并能熟练操作变位机的运动。

3. 根据实训指导手册，完成对接变位焊的示教编程。

4. 利用焊接工作站进行对接变位焊的模拟调试。

所需工具

安全操作指导书。

学时安排

建议学时共 8 学时，其中相关知识学习建议 4 学时，学员练习建议 4 学时。

 工作流程

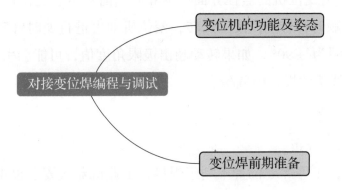

知识储备

1. 变位机的功能及姿态

1）变位机的功能

焊接变位机是用来改变待焊工件位置，将待焊的焊缝调整至理想位置进行施焊作业的设备。通过变位机对待焊工件的位置转变，可以实现单工位全方位的焊接加工应用，提高焊接机器人的应用效率，确保焊接质量。

本质上讲，变位机是焊接机器人关节自由度的拓展和作业空间的延伸，变位机的应用使得单台焊接机器人的作业灵活性更强，焊接工件的尺寸理论上也不再受限于工业机器人自身的工作空间。可以说，变位机已经成为焊接机器人突破自身局限的新支点。

本焊接系统配备的变位机为倾翻式变位机。变位机采用伺服驱动系统，通过PLC实现运动控制，可与工业机器人配合实现异步变位焊接。

2）变位机的姿态

变位机的工作初始位置（以下简称原点）相对于工作台面水平，在此基础上左右极限为±90°，具体变位机示教点位分布如图3-84所示。

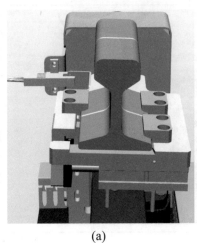
(a)

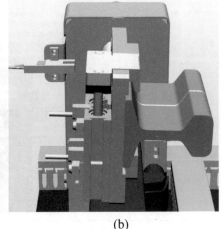
(b)

(c)

图3-84 变位机示教点位分布

（a）原点位置，即初始位置;（b）右极限+90°;（c）左极限-90°

3）变位机的手动操作

如图 3-85 所示，为变位机的监控界面。本界面当前只组态变位机部分的功能，按下正转，变位机即可进行顺时针转动；按下反转，变位机即可进行逆时针转动。需要注意的是，变位机的转动角度极限为 ±90°，如果转动超出极限角度值，可能会引发工件与工作站平台的硬件干涉以及电气线缆的损害等危险。

2. 变位焊前期准备

1）焊接位置及点位分布

在Ⅰ形坡口焊时，工件焊缝位置不利于焊接，工业机器人姿态也难以到达指定的焊点，现在我们可以利用变位机来调整工件焊缝的位置。变位焊将在Ⅰ形坡口焊的基础上，继续进行工件两侧凹面处的焊接，具体位姿如图 3-86 所示。

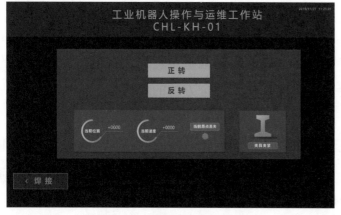

图 3-85　变位机监控界面

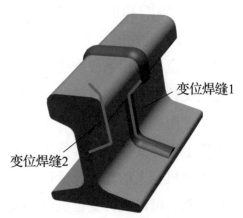

图 3-86　待焊焊缝示意

在此我们以变位焊缝 2 的点位示教为例，展示焊枪在变位焊示教点的姿态。变位焊缝 1 的示教点位可参考焊缝 2。具体姿态详见表 3-18。

表 3-18　变位焊缝 2 示教点位分布

点位	变位机角度	功能	姿态示意图
Area0711W	90°	变位焊缝 2 起焊点	

点位	变位机角度	功能	姿态示意图
Area0712W	90°	变位焊缝 2 插补点 1	
Area0713W	90°	变位焊缝 2 插补点 2	
Area0714W	30°	变位焊缝 2 插补点 3	
Area0715W	30°	变位焊缝 2 止焊点	

2）工业机器人变位焊流程

变位焊，即在焊接过程中，变位机通过升降、翻转或回转，使固定在变位机台面上的工件焊缝处于便于工业机器人进行焊接动作的适当工位。

根据焊接过程中变位机是否与工业机器人同时运动，将变位焊分为同步变位焊与异步变位焊。其中，同步变位焊接的焊接速度、姿态由工业机器人焊枪与变位机共同保证，而异步变位焊的焊接速度主要是由工业机器人保证的。本示教过程展示待焊工件在焊接中的异步变位焊接，即变位机与工业机器人不同时运动，变位机先调整工件至适当工位，工业机器人再执行焊接作业。

如图 3-87 所示，本案例展示的异步变位焊主要分为三个步骤：变位焊缝 2 焊接→工件变位→变位焊缝 1 焊接。

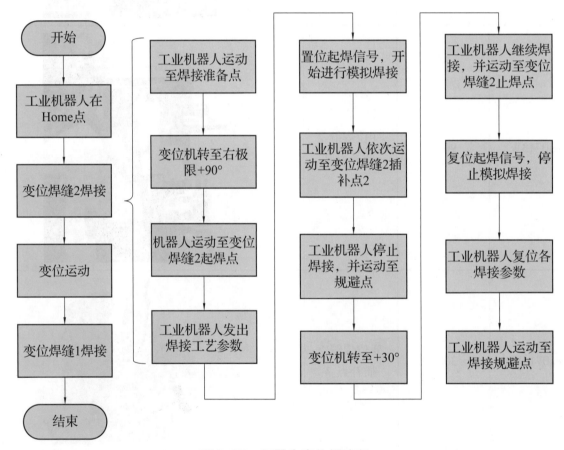

图 3-87　机器人变位焊流程

　任务实施

1. 变位机运动编程

1）变位机运动编程流程

如图 3-88 所示，变位机运动编程主要包括变位机回原点动作、运动参数的赋值、变位机的启动以及变位运动的反馈。

2）变位机回原点程序编程

为实现焊接系统的高度自动化，需要对焊接变位机进行编程控制。变位机有三个运动参数：转动方向（dir）、转动角度（angle）和转动速度（speed）。为提高变位机运行编程的灵活性及简易性，我们可以将这三个参数进行模块式组合，需要传递的运动参数可以参见任务 3.2 对各参数的定义。

下面编写变位机回原点程序（FPosHome），使变位机可以执行回原点操作，具体流程如下。需要注意的是，在执行回原点操作时，需要通过 HMI 将变位机手动运动到原点正方向的某一位置。

（1）新建变位机回原点程序 FPosHome，该程序所在模块为 Program。

（2）将伺服运动参数数组 NumServopara 的第 5 位（回原点功能）先赋值为 0，并传输至 PLC；然后再将该位赋值为 1，并传输至 PLC。如此可实现启动位 0 → 1 的变化以触发回原点功能，如图 3-89 所示。

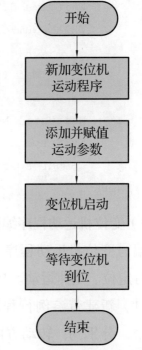

图 3-88　变位机运动编程流程

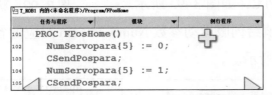

图 3-89　实现启动位 0 → 1 的变化以触发回原点功能程序段

（3）添加 0.5 s 延时，用于保证启动的时间。然后添加 WHILE 逻辑指令，保证工业机器人每间隔 0.5 s（可自定义）接收一次 PLC 的反馈数据，当反馈数组 NumFeedback 的第 2 位状态变化时，停止数据刷新，如图 3-90 所示。

（4）确认反馈数组 NumFeedback 的第 2 位数值为 1，即变位机运动以到位，然后赋值 NumServopara 的第 5 位为 0，复位回原点功能，如图 3-91 所示。

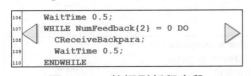

图 3-90　数据刷新程序段

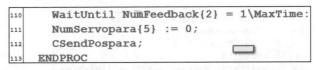

图 3-91　变位机运动到位后复位回原点功能程序段

（5）整理程序如下。

```
PROC FPosHome()
    NumServopara{5} := 0;
    CSendPospara;
    NumServopara{5} := 1;
    CSendPospara;
```

```
            WaitTime 0.5;
            WHILE NumFeedback{2} = 0 DO
                    CReceiveBackpara;
                    WaitTime 0.5;
            ENDWHILE
            WaitUntil NumFeedback{2} = 1\MaxTime:=20;
            NumServopara{5} := 0;
            CSendPospara;
    ENDPROC
```

变位机运动编程

3）变位机运动程序编程

编写变位机运动程序（FPosMove），使变位机可以执行定位、定速运动。具体编程操作如下。

（1）新建带参例行程序 FPosMove，形参一共包括 3 个，分别为：转动方向形参 dir、转动角度形参 angle、转动速度形参 speed，如图 3-92 所示。

（2）参考回原点程序的构建步骤，先将变位机启动位赋值为 0，并传输至 PLC，如图 3-93 所示。

图 3-92　新建带参例行程序 FPosMove

（3）将各形参的值赋值给伺服运动参数 NumServopara 对应的各个位，其中启动位（第 1 位）赋值为 1，如图 3-94 所示。

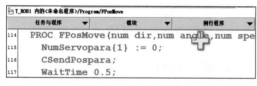

图 3-93　变位机启动位赋值为 0 程序段

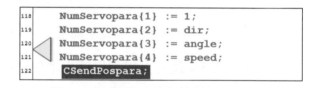

图 3-94　伺服运动参数值复制程序段

（4）变位机运动后，保持刷新 PLC 的反馈数据，直至变位机到位为止，如图 3-95 所示。

（5）将伺服运动参数 NumServopara 的第 1 位数据赋值为 0，复位启动功能，如图 3-96 所示。

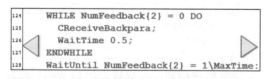

图 3-95　实时监控变位机是否到位程序段

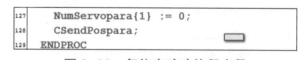

图 3-96　复位启动功能程序段

（6）整理程序如下。

```
    PROC FPosMove(num dir,num angle,num speed)
            NumServopara{1} := 0;
            CSendPospara;
            WaitTime 0.5;
            NumServopara{1} := 1;
```

```
        NumServopara{2} := dir;
        NumServopara{3} := angle;
        NumServopara{4} := speed;
        CSendPospara;
        WHILE NumFeedback{2} = 0 DO
                CReceiveBackpara;
                WaitTime 0.5;
        ENDWHILE
        WaitUntil NumFeedback{2} = 1\MaxTime:=20;
        NumServopara{1} := 0;
        CSendPospara;
    ENDPROC
```

2. 变位焊示教编程

变位焊的具体工艺参数可参考 I 形坡口焊任务。此处主要展示变位焊缝 2 的示教方法，变位焊缝 1 的焊接程序可以参考变位焊缝 2，具体操作如下。

1）变位焊缝 2 程序编制

（1）新建变位焊缝 2 焊接子程序 "PTWeld2"。

（2）工业机器人先运动至焊接准备点，变位机以转速 20°/s 运动至右向 +90° 位置。然后工业机器人运动至变位焊缝 2 起焊点，同时发出对应的焊接参数，如图 3-97 所示。

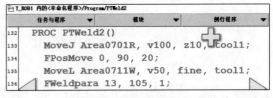

图 3-97　工业机器人与变位机焊前准备程序段

（3）置位起焊信号 ToTDigWeldOn 开始模拟焊接，延时 0.5 s 后沿焊接轨迹移动至变位焊缝 2 插补点 2，然后复位起焊信号停止焊接，预留 2 s 冷却时间，如图 3-98 所示。

（4）工业机器人更新焊接参数，停止保护气流通并回到焊接准备点。然后变位机以 20°/s 转速运动至正向 30° 位置。然后工业机器人运动至焊缝 2 插补点，再次更新焊接参数（开通保护气），如图 3-99 所示。

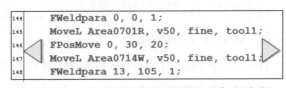

图 3-98　焊接至变位焊缝 2 插补点 2 程序段　　　　图 3-99　第二段焊接前工作站准备程序段

（5）参考步骤 3，以相同的起焊、止焊方式完成剩余焊缝的焊接作业，如图 3-100 所示。

（6）工业机器复位所有焊接参数，并运动至焊接准备点，变位焊缝 2 焊接编程完毕，如图 3-101 所示。

```
149    Set TOTDigWeldOn;
150    WaitTime 0.5;
151    MoveL Area0715W, weldspeed, fine, too
152    Reset TOTDigWeldOn;
153    WaitTime 2;
```

图 3-100   第二段焊接程序段

```
154    FWeldpara 0, 0, 0;
155    MoveL Area0701R, v50, fine, tool1;
156    ENDPROC
```

图 3-101   焊接终止程序段

（7）参考上述流程，完成变位焊缝 1 的焊接示教编程。

（8）整理程序如下。

```
PROC PTWeld2()
        MoveJ Area0701R, v100, z10, tool1;

        FPosMove 0, 90, 20;

        MoveL Area0711W, v50, fine, tool1;

        FWeldpara 13, 105, 1;

        Set TOTDigWeldOn;

        WaitTime 0.5;

        MoveL Area0712W, weldspeed, fine, tool1;

        MoveL Area0713W, weldspeed, fine, tool1;

        WaitTime 0.2;

        Reset TOTDigWeldOn;

        WaitTime 2;

        FWeldpara 0, 0, 1;

        MoveL Area0701R, v50, fine, tool1;

        FPosMove 0, 30, 20;

        MoveL Area0714W, v50, fine, tool1;

        FWeldpara 13, 105, 1;

        Set TOTDigWeldOn;

        WaitTime 0.5;

        MoveL Area0715W, weldspeed, fine, tool1;

        Reset TOTDigWeldOn;

        WaitTime 2;

        FWeldpara 0, 0, 0;

        MoveL Area0701R, v50, fine, tool1;

ENDPROC
```

2）变位焊主程序编制

在主程序 main 中依次调用子程序"PTWeld1""PTWeld2"以及变位机回原点程序，即可完成变位焊主程序，如图 3-102 所示。

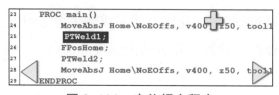

```
23    PROC main()
24        MoveAbsJ Home\NoEOffs, v400 z50, tool1
25        PTWeld1;
26        FPosHome;
27        PTWeld2;
28        MoveAbsJ Home\NoEOffs, v400, z50, tool1
29    ENDPROC
```

图 3-102   变位焊主程序

3. 变位焊调试运行

1）变位焊调试流程

工业机器人变位焊调试流程，如图 3-103 所示。

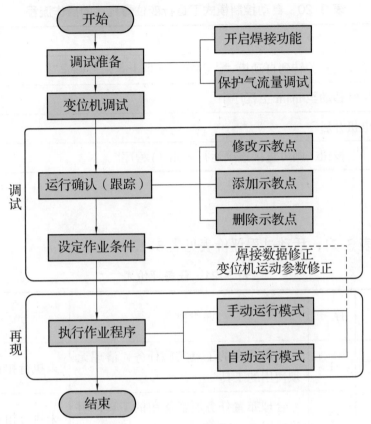

图 3-103　变位焊调试流程

2）变位焊调试步骤

手动控制模式下运行变位焊的操作步骤参见表 3-19。

注意：在运行变位焊程序前，需先确认焊接变位机上的工件已经安装固定完毕，工业机器人本体单元已安装好模拟激光头工具。

表 3-19　手动控制模式下运行变位焊程序的操作流程

序号	操作
1	将控制柜模式开关转到手动模式
2	进入程序编辑界面，将程序指针分别移至变位焊子程序（PTWeld1、PTWeld2）
3	按下"使能"按钮并保持在中间挡，按压程序调试按钮"前进一步"，逐步运行，并完成程序的调试
4	在模拟焊接过程中，根据工业机器人的实际运行速度、焊枪与工件的间距，调整变位焊的焊接工艺参数
5	在调试过程中，变位机程序需要单独进行调试，即以特定转速转至特定角度
6	完成程序的单步调试后，可按下"使能"按钮并保持中间挡，按压"启动"按钮，进行变位焊子程序的连续运行

自动控制模式下运行变位焊程序的操作步骤参见表 3-20。

注意：在运行变位焊程序前，需完成手动控制模式下程序的调试；需先确认焊接变位机上的工件已经安装固定完毕，工业机器人本体单元已安装好模拟激光头工具。

表 3-20　自动控制模式下运行变位焊程序的操作流程

序号	操作
1	将控制柜模式开关转到自动模式，并在示教器上点击"确定"，完成确认模式的更改操作
2	将程序指针移动至 main 主程序中
3	按下"电机开启"
4	按"启动"按钮，则可直接连续运行 main（）程序

 **任务评价**

任务评价表见表 3-21，活动过程评价表见表 3-22。

表 3-21　任务评价表

评价项目	比例	配分	序号	评价要素	评分标准	自评	教师评价
6S 职业素养	30%	30分	1	选用适合的工具实施任务，清理无须使用的工具	未执行扣 6 分		
			2	合理布置任务所需使用的工具，明确标识	未执行扣 6 分		
			3	清除工作场所内的脏污，发现设备异常立即记录并处理	未执行扣 6 分		
			4	规范操作，杜绝安全事故，确保任务实施质量	未执行扣 6 分		
			5	具有团队意识，小组成员分工协作，共同高质量完成任务	未执行扣 6 分		
对接变位焊编程与调试	70%	70分	1	掌握变位机的功能与姿态	未掌握扣 10 分		
			2	能够做好变位焊的前期准备	未掌握扣 10 分		
			3	能够按照工艺流程完成变位机的运动编程	未掌握扣 20 分		
			4	能够按照工艺流程完成变位焊的示教编程	未掌握扣 20 分		
			5	能够按照工艺流程完成变位焊的调试运行	未掌握扣 10 分		
合计							

表3-22 活动过程评价表

评价指标	评价要素	分数	分数评定
信息检索	能有效利用网络资源、工作手册查找有效信息；能用自己的语言有条理地去解释、表述所学知识；能将查找到的信息有效转换到工作中	10	
感知工作	是否熟悉各自的工作岗位，认同工作价值；在工作中，是否获得满足感	10	
参与状态	与教师、同学之间是否相互尊重、理解、平等；与教师、同学之间是否能够保持多向、丰富、适宜的信息交流。探究学习、自主学习不流于形式，处理好合作学习和独立思考的关系，做到有效学习；能提出有意义的问题或能发表个人见解；能按要求正确操作；能够倾听、协作分享	20	
学习方法	工作计划、操作技能是否符合规范要求；是否获得了进一步发展的能力	10	
工作过程	遵守管理规程，操作过程符合现场管理要求；平时上课的出勤情况和每天完成工作任务情况；善于多角度思考问题，能主动发现、提出有价值的问题	15	
思维状态	是否能发现问题、提出问题、分析问题、解决问题	10	
自评反馈	按时按质完成工作任务；较好地掌握了专业知识点；具有较强的信息分析能力和理解能力；具有较为全面严谨的思维能力并能条理明晰地表述成文	25	
总分		100	

项目知识测评

1. 单选题

（1）ABB 工业机器人使用 Socket 指令与周边设备（PLC）建立通信时，主要是建立在以下哪种通信协议上？（　　）

A. I/O　　　　　　　B. TCP/IP　　　　　　C. ProfiNet　　　　　D. DeviceNet

（2）ABB 工业机器人与 PLC 在进行数据交互需要进行数据的发送时，需要用到下列哪个指令？（　　）

A. SocketConnect　　B. SocketSend　　　　C. SocketReceive　　D. SocketCreat

（3）在实际工业应用中，工业机器人在焊接与涂胶等场合中常用的在线编程方式有哪些？（　　）

A. 先编程后示教　　　　　　　B. 编程示教同时进行

C. 先示教后编程　　　　　　　D. 以上均不合适

（4）工业机器人异步变位焊的焊接速度主要由哪个部件决定的？（　　）

A. 工业机器人　　　　　　　　　　　B. 焊接变位机

C. 焊接的能量输入　　　　　　　　　D. 工业机器人和焊接变位机共同决定

2. 多选题

（1）相比较其他焊接方式，激光焊接主要包括下列哪些特点？（　　）

A. 能量密度高　　　　B. 热影响区宽　　　　C. 变型小　　　　D. 需后续加工

（2）工业机器人激光焊接系统是一个庞大的家族，下列属于工业机器人激光焊接系统的部件是（　　）。

A. 送丝机　　　　　　B. 激光发生器　　　　C. 冷却系统　　　　D. 保护气体

3. 判断题

（1）焊接变位机主要可以提高焊接的效率，如果提高工业机器人的运行速率，可以替代焊接变位机的角色。　　　　　　　　　　　　　　　　　　　　　　　　　　（　　）

（2）在工业机器人与PLC通信过程中，不仅可以传递num型的数组，也可以传输其他类型的变量。　　　　　　　　　　　　　　　　　　　　　　　　　　　　　　（　　）

（3）参数化的编程方式可以大大提高程序调用及应用的灵活性。　　　　　（　　）

（4）为了通信及编程的方便快捷，可以忽略变位机的相关反馈信息。　　　（　　）

项目4

工业机器人打磨抛光操作与编程

 **项目导言**

　　本项目围绕工业机器人操作与编程岗位职责和企业实际生产中的工业机器人工艺应用的工作内容，就工业机器人打磨抛光工作站的操作与编程进行了详细的讲解，并设置了丰富的实训任务，使学生通过实操进一步明确工业机器人在打磨抛光行业应用的重要性，熟练掌握打磨工艺以及抛光工艺的应用技巧。

项目目标

1. 培养利用工业机器人进行工艺实施的安全意识。
2. 培养安装打磨抛光工作站的动手能力。
3. 培养根据工艺要求，选择打磨抛光工艺参数以及信号全局分配的意识。
4. 培养打磨工艺实施的编程能力以及调试技巧。
5. 培养抛光工艺实施的编程能力以及调试技巧。

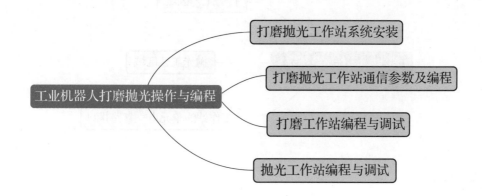

工业机器人打磨抛光操作与编程
- 打磨抛光工作站系统安装
- 打磨抛光工作站通信参数及编程
- 打磨工作站编程与调试
- 抛光工作站编程与调试

任务 4.1　打磨抛光工作站系统安装

 任务描述

为了工艺实施的高效性，焊接工作站与打磨抛光工作站采用集成化设计，两工作站同属于多工艺单元。在安装焊接工作站之后，即已将打磨抛光工作站的基本构件安装在桌面平台单元上。本任务需要在了解打磨抛光组件的基础上，根据实训指导手册完成打磨抛光工作站相关辅件的安装。

 任务目标

1. 明确打磨抛光工作站的系统组成。
2. 根据操作步骤完成对固定打磨头的安装。
3. 根据操作步骤完成对抛光工件的安装。

 所需工具

十字螺丝刀、一字螺丝刀、内六角扳手套组、安全操作指导书。

学时安排

建议学时共 6 学时，其中相关知识学习建议 2 学时，学员练习建议 4 学时。

工作流程

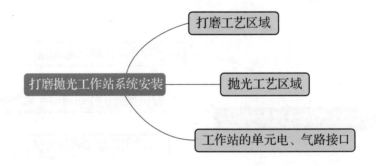

 知识储备

打磨抛光工作站包括工业机器人系统（工业机器人本体和控制器）、工具单元、多工艺单元，如图 4-1 所示。其中多工艺单元上包含了打磨工艺区域和抛光工艺区域，工作台一侧还包含打磨抛光工作站的单元电、气路接口。

1. 打磨工艺区域

打磨工艺区域包含打磨装置可以实现对工件的打磨，如图4-2所示。

图4-1　打磨抛光工作站组成示意图　　　图4-2　打磨工艺区域

2. 抛光工艺区域

抛光工艺区包含抛光工位夹具、压力传感器以及压力控制显示器，在工件抛光的过程中，压力传感器会实时监测抛光头对于工件的抛光压力，并显示在压力控制显示器上；压力传感器的压力值经过PLC处理后会反馈给工业机器人，当抛光压力由于过大而超出设定的最大值时，出于工作安全的考虑，工业机器人会立即停止抛光加工。抛光区域如图4-3所示。

3. 工作站的单元电、气路接口

为了便于工艺单元与整个工作站实现快速电、气路、通信的连接，多工艺单元配备有24芯的航空插头以及气路连接插口，如图4-4所示。气路连接插口的作用是用于快速连接工作站单元电磁阀气路接口，航空插头的作用是为抛光工位夹具气缸电磁阀、压力传感器、压力控制显示器、打磨电机等设备供电，同时实现PLC与这些设备信号的交互。PLC在接收到工业机器人的信号后能控制打磨电机的启停，抛光工位夹具的夹紧、松开，PLC也可以将压力传感器显示的压力值信号反馈给工业机器人。

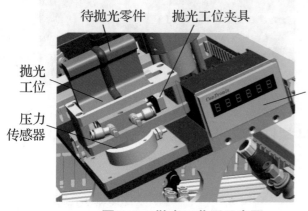

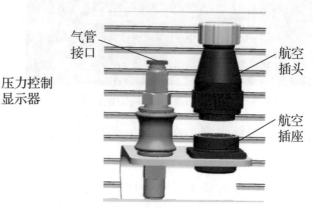

图4-3　抛光工艺区示意图　　　　　图4-4　工作站的单元电、气路接口示意图

任务实施

安装打磨头

1. 固定打磨头的安装

固定打磨头的安装步骤如下。

（1）根据多工艺单元台面上固定打磨头的安装孔位，将固定打磨头放置到工作站台面上合理的位置，使打磨装置四个底座上的孔位与工作台上的孔位对齐，如图4-5所示。

（2）使用内六角扳手和4个M5的内六角螺钉将打磨头的支架预固定到指定位置，如图4-6所示。

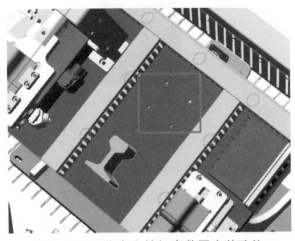

图4-5　工作台上的打磨装置安装孔位

图4-6　预固定打磨头的支架

（3）按照十字对角的方式依次紧固这4个紧固螺钉，如图4-7所示。

（4）在打磨头纵向未固定的状态下插入打磨头线缆，如所图4-8示。

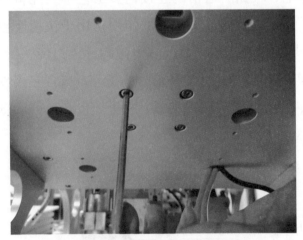

图4-7　紧固打磨头支架的紧固螺钉

图4-8　插入打磨头线缆

（5）调整打磨头在支架上的位置，然后用M4螺钉对应的内六角扳手锁紧打磨头，如图4-9所示。

（6）固定打磨头安装完毕，如图4-10所示。

图 4-9　锁紧打磨头

图 4-10　固定打磨头安装完毕

2. 抛光工件的装夹

抛光工位处使用的电磁阀为单电控电磁阀，在本案例中使用者可以手动装夹待抛光工件，以便更好地理解该工位处工件的夹紧方式，为对打磨/抛光系统的通信信号及参数规划做铺垫。抛光工件的装夹步骤如下。

（1）抛光工位夹具默认处于松开状态，如图 4-11 所示。

（2）手动将焊接后的工件放置到抛光工位上，如图 4-12 所示。

图 4-11　抛光工位夹具默认处于松开状态

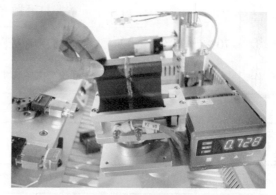

图 4-12　将工件放置到抛光工位上

（3）操控夹紧气缸对应的单向电磁阀，控制抛光工位夹具夹紧工件，如图 4-13 所示。

（4）夹紧后工件状态，如图 4-14 所示。

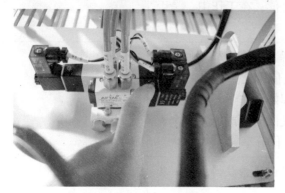

图 4-13　控制抛光工位夹具夹紧工件

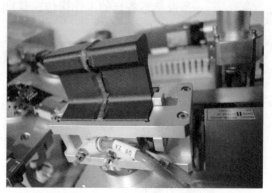

图 4-14　夹紧后工件状态

 **任务评价**

任务评价表见表4-1，活动过程评价表见表4-2。

表4-1　任务评价表

评价项目	比例	配分	序号	评价要素	评分标准	自评	教师评价
6S职业素养	30%	30分	1	选用适合的工具实施任务，清理无须使用的工具	未执行扣6分		
			2	合理布置任务所需使用的工具，明确标识	未执行扣6分		
			3	清除工作场所内的脏污，发现设备异常立即记录并处理	未执行扣6分		
			4	规范操作，杜绝安全事故，确保任务实施质量	未执行扣6分		
			5	具有团队意识，小组成员分工协作，共同高质量完成任务	未执行扣6分		
打磨抛光工作站系统安装	70%	70分	1	掌握打磨抛光工艺模块的组成	未掌握扣10分		
			2	能够正确安装固定打磨头	未掌握扣30分		
			3	能够正确装夹抛光工件	未掌握扣30分		
合计							

表4-2　活动过程评价表

评价指标	评价要素	分数	分数评定
信息检索	能有效利用网络资源、工作手册查找有效信息；能用自己的语言有条理地去解释、表述所学知识；能将查找到的信息有效转换到工作中	10	
感知工作	是否熟悉各自的工作岗位，认同工作价值；在工作中，是否获得满足感	10	
参与状态	与教师、同学之间是否相互尊重、理解、平等；与教师、同学之间是否能够保持多向、丰富、适宜的信息交流。 探究学习、自主学习不流于形式，处理好合作学习和独立思考的关系，做到有效学习；能提出有意义的问题或能发表个人见解；能按要求正确操作；能够倾听、协作分享	20	
学习方法	工作计划、操作技能是否符合规范要求；是否获得了进一步发展的能力	10	

续表

评价指标	评价要素	分数	分数评定
工作过程	遵守管理规程，操作过程符合现场管理要求；平时上课的出勤情况和每天完成工作任务情况；善于多角度思考问题，能主动发现、提出有价值的问题	15	
思维状态	是否能发现问题、提出问题、分析问题、解决问题	10	
自评反馈	按时按质完成工作任务；较好地掌握了专业知识点；具有较强的信息分析能力和理解能力；具有较为全面严谨的思维能力并能条理明晰地表述成文	25	
总分		100	

任务 4.2　打磨抛光工作站通信参数及编程

任务描述

　　打磨抛光工作站在执行打磨抛光工艺过程中，工业机器人需要与周边设备进行大量的数据交换，主要包括打磨信号、抛光信号的传递以及抛光压力值等数据的交换。在打磨抛光工作站安装完毕后，本任务主要明确各信号及参数的作用，并根据实训指导手册详细配置打磨抛光的信号。最后针对压力值等信息做最终的反馈监测。

任务目标

　　1. 明确打磨、抛光的工艺流程。

　　2. 根据打磨、抛光的流程来分配信号，并进行参数规划。

　　3. 能够设置（配置）已经分配完成的信号和参数。

　　4. 能够利用通信实现将压力传感器数值传输至工业机器人。

　　5. 能够对工作站各信号功能进行验证。

所需工具

　　安全操作指导书。

学时安排

　　建议学时共 6 学时，其中相关知识学习建议 2 学时，学员练习建议 4 学时。

 工作流程

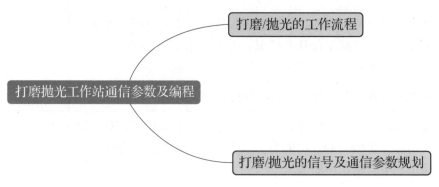

知识储备

1. 打磨 / 抛光的工作流程

打磨抛光工作站是一个集成工作站，集打磨工艺和抛光工艺于一体。

1）打磨工艺流程

装有夹爪工具的工业机器人从安全起始点运动到待打磨工件的抓取位置完成待打磨工件的抓取。

工业机器人抓取待打磨工件运动到打磨准备点后，发送启动固定打磨头指令给 PLC。

PLC 在收到启动固定打磨头信号后，启动固定打磨头并反馈已启动固定打磨头的信息给工业机器人。

工业机器人在收到固定打磨头已启动信息后，以指定的速度沿打磨工作轨迹移动完成工件的打磨。

在完成工件的打磨后，工业机器人发送相关指令给 PLC 以关闭固定打磨头，然后抓取已完成打磨的工件运动，将其放回至待打磨工件的抓取位置。

最后，工业机器人回到安全起始点完成打磨工艺，打磨工艺流程如图 4-15 所示。

2）抛光工艺流程

装有抛光工具的工业机器人，从安全起始点运动到抛光准备点。

工业机器人等待抛光工件已夹紧的反馈信息。当接收到该反馈信息后，工业机器人发送信号启动末端的抛光工具。

工业机器人从抛光准备点运动到抛光起始点，接下来开始执行抛光作业。抛光作业主要分为如下两种情况。

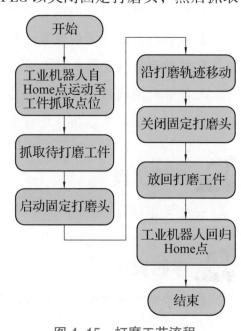

图 4-15 打磨工艺流程

（1）若反馈的抛光压力值在允许范围内，则以特定的行进速度沿抛光工作轨迹移动完成工件的抛光。完成抛光后，工业机器人发送信号关闭抛光工具，最后回到安全起始点，完成抛光工艺。

（2）若抛光压力值不在允许范围内，则工业机器人发送信号关闭抛光工具，停止抛光作业。

工艺流程如图 4-16 所示。

2.打磨 / 抛光系统的信号及通信参数规划

1）通信关系

与焊接系统相似，在实际生产中工业机

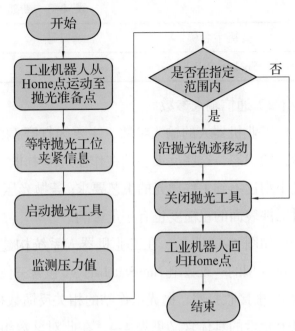

图 4-16　抛光工艺流程

器人打磨、抛光系统也是一个庞大的家族，除工业机器人之外，还包括固定（浮动）打磨头、抛光工具、压力传感器、定位夹具等组成部分，打磨、抛光的实施需要这些设备和系统配合才能完成。本工作台综合考虑工业机器人与这些周边设备的数据交互方式，对这些方式进行统一简化处理。

在本工作台的打磨抛光工作站中，工业机器人的通信方式主要有两类：一类是 I/O 信号交互方式，主要应用在工业机器人与末端工具（如抛光工具）的动作控制中；另一类是 TCP/IP 通信方式，主要应用于工业机器人与周边设备（如 PLC）的数据交互过程。

如图 4-17 所示，具体通信过程如下：工业机器人先将与工艺相关的工艺参数发送到 PLC，PLC 将参数经过处理之后，一方面控制打磨 / 抛光工作站中的相关硬件进行运动，另一方面将有关设备的动作情况反馈至工业机器人，工业机器人接收到该反馈信息会判断决策下一流程的运行。

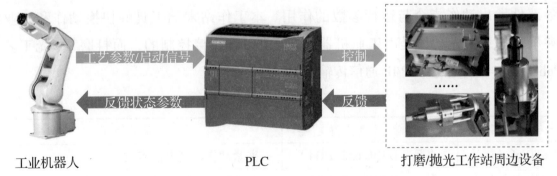

工业机器人　　　　　　　　　PLC　　　　　打磨/抛光工作站周边设备

图 4-17　打磨 / 抛光系统通信关系

在本打磨抛光工作站中，其中套接字名称在不与系统参数名称冲突的前提下可以自定义设置，具体设置参数见表 4-3。

表 4-3　新建 Socket 定义参数

套接字名称	端口号	作用
Socket_Polish	2002	用于打磨、抛光参数的发送和接收

2）通信输入参数

工业机器人的输入参数，主要为打磨/抛光系统各部件（PLC）向工业机器人反馈各自运行的状态，这些反馈参数在作业过程中非常重要，比如抛光的压力值反馈，若抛光压力值过小则达不到工件抛光的工艺要求；若抛光压力值过大，则有可能大大缩短抛光工具的寿命，对工件表面的粗糙度也有一定影响。

如图 4-18 所示，在工业机器人系统构建一个 num 型的一维数组 NumStateback2（包含三位元素），来接收打磨、抛光工作站的相关反馈数据。每个元素的具体含义见表 4-4，在此对该数组举例说明。例如，反馈参数 NumStateback2[0,1,5] 即代表当前打磨装置未启动，抛光工位夹具已夹紧，且当前抛光压力值为 5 N。

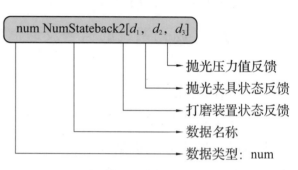

图 4-18　状态反馈参数 NumStateback2

表 4-4　状态反馈参数（NumStateback2）说明

位数	代表数/单位	功能	取值范围（num）及具体说明
第 1 位	d_1	打磨装置状态反馈	0：打磨装置未启动
			1：打磨装置已启动
第 2 位	d_2	抛光夹具状态反馈	0：抛光工位夹具未夹紧
			1：抛光工位夹具已夹紧
第 3 位	d_3/（N）	抛光压力值反馈	0~10：对应反馈压力值为 0~10 N

3）工业机器人通信输出参数及信号

在打磨/抛光系统中，工艺机器人的输出参数及信号见表 4-5，主要为工业机器人向系统各部件发出动作指令与运行参数的作用。本工作站末端工具的快换动作和工业机器人的夹爪动作、抛光动作是由工业机器人自身的 I/O 直接控制的，而打磨/抛光工艺参数 NumPolishpara{4} 则通过 TCP/IP 通信传输至 PLC。

表 4-5　打磨/抛光系统输出信号

工业机器人信号	功能（I/O 位置）	备注说明
ToTDigGrip	夹爪（DSQC 652-DO4）	夹紧动作，高电位有效
ToTDigPolish	抛光（DSQC 652-DO5）	开始焊接的启动信号，高电位有效
ToTDigToolChange	快换（DSQC 652-DO7）	用于取放工业机器人末端工具，高电位有效
NumPolishpara{5}	打磨/抛光工艺参数	5 位 num 型数组，可传递打磨/抛光工艺参数

如图 4-19 所示，打磨 / 抛光工艺参数数组 NumPolishpara{5} 中有 5 个元素，用于工业机器人向 PLC 发送具体的打磨 / 抛光参数，有了该参数数组即可实现工业机器人对打磨 / 抛光系统的间接过程控制。各参数的具体说明见表 4-6。

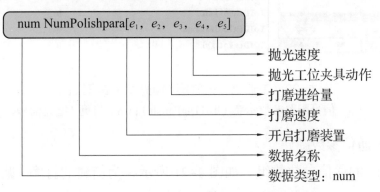

图 4-19　打磨 / 抛光工艺参数 NumPolishpara

表 4-6　打磨 / 抛光工艺参数（NumPolishpara）说明

位数	代表数 / 单位	功能	取值范围（num）及具体说明
第 1 位	e_1	开启打磨装置	0：关闭打磨装置
			1：启动打磨装置
第 2 位	e_2（×1000 r/min）	打磨速度	1~5：对应当前打磨工具的转速值
第 3 位	e_3（mm）	磨削量	0~4：对应当前的磨削量
第 4 位	e_4	抛光工位夹具动作	0：松开待抛光工件
			1：夹紧待抛光工件
第 5 位	e_5（r/min）	抛光速度	0~100：对应当前抛光工具的转速值

我们对该数组举例说明。例如，NumPolishpara[1,3,1,0,0] 即代表工作站当前处于打磨作业状态，打磨装置转速为 3000 r/min，磨削量为 1 mm；再如，NumPolishpara[0,0,0,1,40] 即代表工作站当前处于抛光作业状态（抛光夹具已夹紧），抛光转速为 40 r/min。

 任务实施

1. 打磨 / 抛光信号配置及通信参数新建

1）打磨 / 抛光 I/O 信号配置

工业机器人端 I/O 信号的配置，需识读电气图纸和相关技术文件，了解工业机器人端各 I/O 信号对应的配置参数（如地址、所在 I/O 模块等）后进行，相关配置参数可以参见表 4-5。具体的配置方法和步骤可以参考对焊接系统中的起焊信号 "ToTDigWeldOn" 的配置。图 4-20 为工业机器人打磨 / 抛光 I/O 信号及配置。

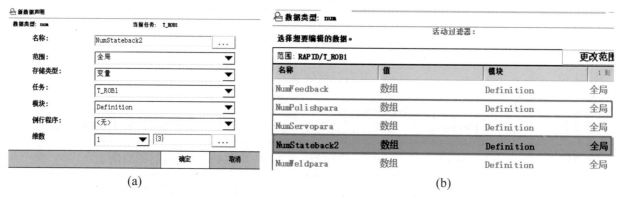

图 4-20　工业机器人打磨 / 抛光 I/O 信号及配置
（a）信号配置参数示意（ToTDigPolish）；（b）打磨 / 抛光信号

2）打磨 / 抛光通信参数新建

新建打磨 / 抛光的通信参数数组。如图 4-21 所示，为新建的打磨 / 抛光的通信输入参数数组 NumStateback2{3} 和通信输出参数数组 NumPolishpara{5}。

注意：新建的数组依然保存于 Definition 模块中。

图 4-21　打磨 / 抛光通信参数数组及新建
（a）新建示意（NumStateback2{3} 数组）；（b）打磨 / 抛光通信参数数组

3）打磨 / 抛光通信编程

打磨 / 抛光工艺的实施，需要工业机器人和 PLC 配合完成，因此，通信的实施是打磨 / 抛光系统正常运行的基础。注意：新建的通信程序依然保存于工业机器人系统 Program 模块中。我们对打磨 / 抛光工作站的通信提出以下要求。

（1）编制程序 CSendPolishpara()，实现打磨 / 抛光参数 NumPolishpara{5} 由工业机器人传输至 PLC。

参考焊接参数通信程序 CSendWeldpara() 的构建步骤，新建打磨 / 抛光参数通信程序。传输的端口号为 2002，套接字为 Socket_Polish，传输的数组为 NumPolishpara。整理程序如下。

```
PROC CSendPolishpara()
    SocketClose Socket_Polish;
    WaitTime 0.5;
    SocketCreate Socket_Polish;
    SocketConnect Socket_Polish, "192.168.0.1", 2002\Time:=30;
    WaitTime 0.2;
```

```
        SocketSend Socket_Polish\Data:=NumPolishpara;
        WaitTime 2;
        SocketClose Socket_Polish;
    ENDPROC
```

（2）编制程序 CReceiveStatepara( )，实现反馈参数 NumStateback{3} 从 PLC 接收至工业机器人。参考焊接系统反馈参数通信程序 CReceiveBack( ) 的构建步骤，新建打磨/抛光系统反馈参数通信程序。传输的端口号为 2002，传输的数组为 NumStateback2。整理程序如下。

```
PROC CReceiveState()
    SocketClose Socket_Polish;
    WaitTime 0.5;
    SocketCreate Socket_Polish;
    SocketConnect Socket_Polish, "192.168.0.1", 2002\Time:=30;
    WaitTime 0.2;
    SocketReceive Socket_Polish\Data:=NumStateback2\Time:=20;
    WaitTime 2;
    SocketClose Socket_Polish;
ENDPROC
```

2. 打磨/抛光通信及信号的验证

1）编辑验证程序 FTest

打磨与抛光的通信验证

在 Program 程序模块中新建测试程序"FTest"。将 NumPolishpara 的第 1 位和第 2 位分别赋值为 1 和 3，即开启打磨装置，转速为 3000 r/min，然后将该通信参数发送至 PLC，如图 4-22 所示。

延时 0.5 s 后，利用通信参数接收程序 CReceiveState 接收反馈数据，并将反馈数据的第 1 位赋值给可变量"reg1"（新建变量），如图 4-23 所示。

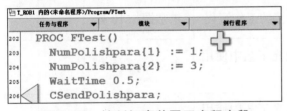

```
T_ROB1 内的<未命名程序>/Program/FTest
    任务与程序 ▼    模块 ▼      例行程序 ▼
202  PROC FTest()
203      NumPolishpara{1} := 1;
204      NumPolishpara{2} := 3;
205      WaitTime 0.5;
206      CSendPolishpara;
```

图 4-22　控制打磨装置开启程序段

```
207      WaitTime 0.5;
208      CReceiveState;
209      reg1 := NumStateback2{1};
210  ENDPROC
```

图 4-23　接收打磨装置状态程序段

2）执行验证程序 FTest

将指针移至验证程序 FTest，按下"使能"按钮使工业机器人的电机开启，并点击"连续执行"按键，执行该验证程序。

执行结束后，查看 num 型数据中的新建参变量 reg1，若该返回值为 1，则证明工业机器人与 PLC 之间通信正常。观察固定打磨头的工作状态，若为启动状态，则说明 PLC 与固定打磨头的通信正常；否则通信不正常。

3）异常处理措施

根据现象排除通信不正常的原因所在，识读电气图纸检查信号配置是否正确；依次排查 PLC、固定打磨头和工业机器人之间的电气接线是否有问题。

在 PC 端打开打磨抛光工作站 PLC 项目文件，在博图软件中实时监测输入、输出点的状态变化，判断是外部设备输入 / 输出的问题，还是 PLC 和工业机器人通信的问题。

直到通信正常，完成打磨抛光工作站电气系统的调试和信号验证。

 任务评价

任务评价表见表 4-7，活动过程评价表见表 4-8。

表 4-7 任务评价表

评价项目	比例	配分	序号	评价要素	评分标准	自评	教师评价
6S职业素养	30%	30分	1	选用适合的工具实施任务，清理无须使用的工具	未执行扣 6 分		
			2	合理布置任务所需使用的工具，明确标识	未执行扣 6 分		
			3	清除工作场所内的脏污，发现设备异常立即记录并处理	未执行扣 6 分		
			4	规范操作，杜绝安全事故，确保任务实施质量	未执行扣 6 分		
			5	具有团队意识，小组成员分工协作，共同高质量完成任务	未执行扣 6 分		
打磨抛光工作站通信参数及编程	70%	70分	1	掌握打磨 / 抛光工艺的工作流程	未掌握扣 10 分		
			2	能够新建打磨 / 抛光工艺中使用的 I/O 信号	未掌握扣 10 分		
			3	能够新建打磨 / 抛光工艺中使用的参数	未掌握扣 15 分		
			4	能够编写打磨 / 抛光工艺的通信程序	未掌握扣 15 分		
			5	能够验证打磨 / 抛光工艺的通信及信号	未掌握扣 20 分		
合计							

表 4-8　活动过程评价表

评价指标	评价要素	分数	分数评定
信息检索	能有效利用网络资源、工作手册查找有效信息；能用自己的语言有条理地去解释、表述所学知识；能将查找到的信息有效转换到工作中	10	
感知工作	是否熟悉各自的工作岗位，认同工作价值；在工作中，是否获得满足感	10	
参与状态	与教师、同学之间是否相互尊重、理解、平等；与教师、同学之间是否能够保持多向、丰富、适宜的信息交流。 探究学习、自主学习不流于形式，处理好合作学习和独立思考的关系，做到有效学习；能提出有意义的问题或能发表个人见解；能按要求正确操作；能够倾听、协作分享	20	
学习方法	工作计划、操作技能是否符合规范要求；是否获得了进一步发展的能力	10	
工作过程	遵守管理规程，操作过程符合现场管理要求；平时上课的出勤情况和每天完成工作任务情况；善于多角度思考问题，能主动发现、提出有价值的问题	15	
思维状态	是否能发现问题、提出问题、分析问题、解决问题	10	
自评反馈	按时按质完成工作任务；较好地掌握了专业知识点；具有较强的信息分析能力和理解能力；具有较为全面严谨的思维能力并能条理明晰地表述成文	25	
总分		100	

任务 4.3　打磨工作站编程与调试

任务描述

　　打磨工作站的打磨对象为切割完成的工件，此时工件的切口处分布有毛刺，工业机器人将夹持工件至打磨头处进行打磨操作。本任务需要在了解打磨工艺的基础上进行工业机器人的示教编程，根据实训指导手册并完成打磨工艺的调试运行。

任务目标

　　1. 明确打磨工艺的要求。

　　2. 明确打磨加工时的加工点位，对打磨工艺各姿态及点位进行示教。

3. 根据实训指导手册，完成打磨过程的示教编程；

4. 在打磨工作站中，对工件的模拟打磨程序进行调试。

 所需工具

安全操作指导书。

 学时安排

建议学时共 8 学时，其中相关知识学习建议 4 学时，学员练习建议 4 学时。

 工作流程

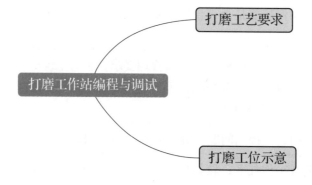

 知识储备

1. 打磨工艺要求

打磨工作站的打磨对象为切割完成的工件，工件的切口处带有加工后的毛刺，毛刺的存在可能导致由该工件所组成的机械设备运行不畅，使可靠性和稳定性降低。当存在毛刺的机器做机械运动或震动时，脱落的毛刺也可能会造成机器滑动表面过早磨损、噪声增大，甚至使机构卡死，动作失灵。

在本工作站中，工业机器人先运动至多工艺单元处夹持待打磨工件，然后携工件移动至打磨头处进行打磨，对工件的坡口边缘进行打磨。当打磨工作站为初始状态时，待打磨的工件放置在多工艺单元台面上的凹槽内，如图 4-24 所示。

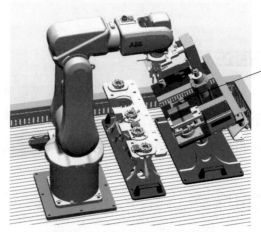

待打磨工件

图 4-24　待打磨工件示意图

2. 打磨工位示意

工件坡口边缘的打磨轨迹点位如图4-25所示。工业机器人工作路径点位规划如图4-26所示，点位详细说明见表4-9，其中取料点位和和放料点位可以参考焊接工艺中的取料点位Area0721W。

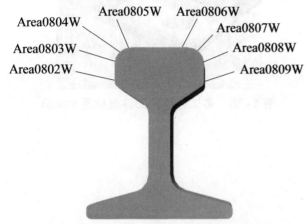

图4-25　工件坡口边缘打磨轨迹点位

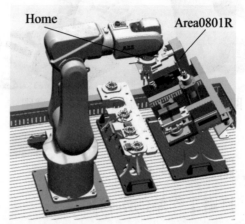

图4-26　工业机器人工作路径点位规划

表4-9　打磨工位点位说明

点位名称	功能说明
Home	工作原点（安全起始点）
Area0801R	打磨准备点
Area0802W	起始打磨点1
Area0803W	打磨点2
Area0804W	弧形过渡打磨点3
Area0805W	打磨点4
Area0806W	打磨点5
Area0807W	弧形过渡打磨点6
Area0808W	打磨点7
Area0809W	终止打磨点8

如图4-27所示，多工艺单元的工作台面是一个带倾斜角的台面。工业机器人在抓取打磨工件时，由于倾斜角的存在，夹爪工具抓取打磨工件的姿态并非垂直地面向下，若使用基坐标系作为基准，示教打磨工件的抓取位置会增加操作难度。此外，由于打磨工件要打磨的坡口边缘与打磨头也是垂直的，所以需要设置一个与多工艺工作台面平行的工件坐标系。

在多工艺平台的工作台面处，设定一个辅助坐标系，即工件坐标系"wobj3"，如图4-28所示。

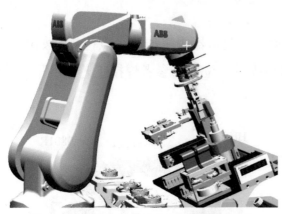

图 4-27　工业机器人打磨工艺示意图

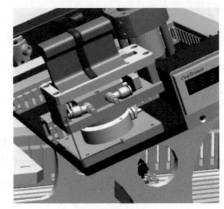

图 4-28　多工艺单元工件坐标系 wobj3

任务实施

1. 打磨工作站的示教编程

由打磨工艺，我们可以规划打磨工作站中的示教编程任务。该程序主要分为三个部分，即夹取工件程序→执行打磨程序→放回工件程序。其中，夹取工件程序可以直接调用例行程序 MGetWorkpiece（任务 3.2 编制），放回工件程序也可参考例行程序 MPutWorkpiece（任务 3.2 编制）进行编制。需要注意的是，打磨工艺的放料位非变位机，而是原工件存储位，因此在打磨工艺的放回工件程序中，点位信息和对夹具的控制与 MPutWorkpiece 有所不同，需要新建并示教这些工作点位。

打磨工作站的示教编程步骤如下。

1）打磨参数赋值程序 FPolishpara1

（1）在 Program 程序模块中新建带参打磨参数赋值程序 FPolishpara1，如图 4-29 所示。参数分别为：打磨开启形参 PolishOn、打磨速度形参 PolishSpeed、磨削量形参 Volume。

（2）利用赋值指令依次将各形参的值赋值给打磨／抛光通信参数数组的第 1 位、第 2 位和第 3 位，然后调用发送通信参数程序 CSendPolishpara，如图 4-30 所示。

（3）延时 0.5 s 后，调用接收通信参数程序 CReceiveState，如图 4-31 所示。

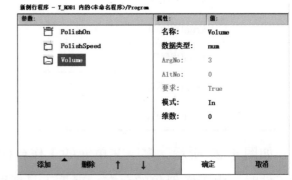

图 4-29　新建带参打磨参数赋值程序 FPolishpara1

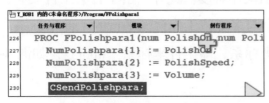

图 4-30　发送打磨／抛光参数程序段

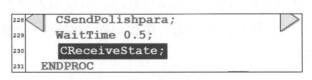

图 4-31　接收通信参数程序段

（4）整理程序如下。

```
PROC FPolishpara1(num PolishOn,num PolishSpeed,num Volume)
    NumPolishpara{1} := PolishOn;
    NumPolishpara{2} := PolishSpeed;
    NumPolishpara{3} := Volume;
    CSendPolishpara;
    WaitTime 0.5;
    CReceiveState;
ENDPROC
```

2）新建放回工件程序

为保证工业机器人取放料姿态与台面方向保持一致，我们可以借助新建的工件坐标系"wobj3"来实现，如图 4-32 所示。

注意：打磨放料的核心动作为工业机器人末端夹具松开即可，无须控制工作台夹具动作。

整理程序如下。

当前指令:	MoveL.	
选择希望更改的变量:		
自变量	值	1 到 5 共 5
ToPoint	Area0721W	
Speed	v50	
Zone	fine	
Tool	tool2	
WObj	wobj3	

图 4-32　工件坐标系 wobj3

```
PROC MBackWorkpiece()
    MoveAbsJ Home\NoEOffs, v400, z50, tool2;
    MoveJ Area0801R, v100, z10, tool2;
    MoveL Offs(Area0721W,0,0,50), v100, fine, tool2\WObj:=wobj3;
    MoveL Area0721W, v50, fine, tool2\WObj:=wobj3;
    WaitTime 0.5;
    Reset ToTDigGrip;
    WaitTime 0.5;
    MoveL Offs(Area0721W,0,0,50), v50, fine, tool2\WObj:=wobj3;
    MoveJ Area0801R, v100, z10, tool2;
    MoveAbsJ Home\NoEOffs, v400, z50, tool2;
ENDPROC
```

3）新建执行打磨程序

（1）新建执行打磨程序 PPolish。

（2）调用夹取打磨程序，工业机器持工件移动至打磨临近点，然后发送打磨工艺参数，使打磨装置以 4 000 r/min 的转速，1 mm 的磨削量运转。然后等待反馈通信数组的第 1 位（打磨开启反馈）数值为 1，参数赋值成功，如图 4-33 所示。

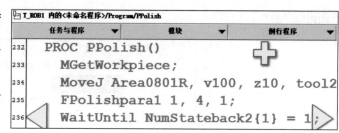

T_ROB1 内的<未命名程序>/Program/PPolish		
任务与程序 ▼	模块 ▼	例行程序 ▼
232　PROC PPolish()		
233　　MGetWorkpiece;		
234　　MoveJ Area0801R, v100, z10, tool2		
235　　FPolishpara1 1, 4, 1;		
236　　WaitUntil NumStateback2{1} = 1;		

图 4-33　打磨前的准备程序段

（3）工业机器人持工件按照打磨路径进行直线运动和圆弧运动，如图4-34所示。

注意：为保证打磨工件的表面质量，工业机器人移动速度应保持在v10及以下。

（4）打磨完毕后，工业机器人再次刷新打磨工艺参数，关闭打磨装置的运转。然后等待该通信数组的第1位（打磨开启反馈）数值为0，打磨装置关闭。最后将工件放回原存储点，如图4-35所示。

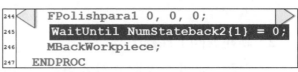

图4-34　打磨轨迹程序段　　　　　　　　　图4-35　打磨工艺结束程序段

（5）整理程序如下。

```
PROC PPolish()
    MGetWorkpiece;
    MoveJ Area0801R, v100, z10, tool2;
    FPolishpara1 1, 4, 1;
    WaitUntil NumStateback2{1} = 1;
    MoveL Area0802W, v10, fine, tool2;
    MoveL Area0803W, v10, fine, tool2;
    MoveC Area0804W, Area0805W, v10, fine, tool2;
    MoveL Area0806W, v10, fine, tool2;
    MoveC Area0807W, Area0808W, v10, fine, tool2;
    MoveL Area0809W, v10, fine, tool2;
    MoveJ Area0801R, v100, z10, tool2;
    FPolishpara1 0, 0, 0;
    WaitUntil NumStateback2{1} = 0;
    MBackWorkpiece;
ENDPROC
```

4）新建主程序

利用"ProcCall"指令调用新建的执行打磨程序：PPolish，如图4-36所示，即完成主程序的编写。

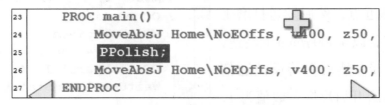

图4-36　打磨工艺主程序段

2. 打磨工艺的调试

1）手动控制模式下运行和调试打磨工作站程序

手动控制模式下运行打磨程序的操作步骤参见表 4-10 所示。在运行打磨工艺程序前，需先确认多工艺单元上已放置了需要打磨的工件，工业机器人本体已安装好夹爪工具，如图 4-37 所示。

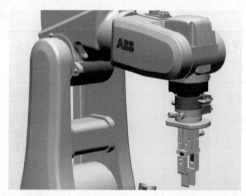

图 4-37　打磨工艺加工前的运行准备

注意：在打磨过程中可能会有金属飞屑，注意保护人身安全以及设备的正常运转。

表 4-10　手动控制模式下打磨工艺程序的操作流程

序号	操作
1	将控制柜模式开关转到手动模式
2	进入程序编辑界面，将程序指针移至程序 PPolish ()
3	按下"使能"按钮并保持在中间挡，按压程序调试按钮"前进一步"，逐步运行，并完成程序的调试
4	完成程序的单步调试后，可按下"使能"按钮并保持在中间挡，按压"启动"按钮，进行打磨程序的连续运行

2）自动控制模式下运行打磨工艺程序

已完成手动模式下打磨工艺程序的调试的情况下，在自动控制模式下运行打磨工艺程序的操作步骤参见表 4-11。

注意：在运行打磨工艺程序前，需先确认多工艺平台上已放置了需要打磨的工件。

调试打磨工艺程序

表 4-11　自动控制模式下运行打磨工艺程序的操作步骤

序号	操作
1	将控制柜模式开关转到自动模式，并在示教器上点击"确定"，完成确认模式的更改操作
2	将程序指针移动至主程序 main ()
3	按下"电机开启"
4	按"前进一步"按钮，可逐步运行 main 程序； 按"启动"按钮，则可直接连续运行 main 程序

任务评价

任务评价表见表 4-12，活动过程评价表见表 4-13。

表 4-12 任务评价表

评价项目	比例	配分	序号	评价要素	评分标准	自评	教师评价
6S职业素养	30%	30分	1	选用适合的工具实施任务，清理无须使用的工具	未执行扣6分		
			2	合理布置任务所需使用的工具，明确标识	未执行扣6分		
			3	清除工作场所内的脏污，发现设备异常立即记录并处理	未执行扣6分		
			4	规范操作，杜绝安全事故，确保任务实施质量	未执行扣6分		
			5	具有团队意识，小组成员分工协作，共同高质量完成任务	未执行扣6分		
打磨工作站编程与调试	70%	70分	1	明确打磨工艺要求	未掌握扣10分		
			2	能够根据打磨工艺需求，完成参数赋值传递程序的编写	未掌握扣10分		
			3	能够根据打磨工艺需求，完成工件搬运程序编写	未掌握扣20分		
			4	能够根据打磨工艺需求，完成打磨程序编写	未掌握扣20分		
			5	能够调试运行打磨工艺程序	未掌握扣10分		
合计							

表 4-13 活动过程评价表

评价指标	评价要素	分数	分数评定
信息检索	能有效利用网络资源、工作手册查找有效信息；能用自己的语言有条理地去解释、表述所学知识；能将查找到的信息有效转换到工作中	10	
感知工作	是否熟悉各自的工作岗位，认同工作价值；在工作中，是否获得满足感	10	
参与状态	与教师、同学之间是否相互尊重、理解、平等；与教师、同学之间是否能够保持多向、丰富、适宜的信息交流。 探究学习、自主学习不流于形式，处理好合作学习和独立思考的关系，做到有效学习；能提出有意义的问题或能发表个人见解；能按要求正确操作；能够倾听、协作分享	20	
学习方法	工作计划、操作技能是否符合规范要求；是否获得了进一步发展的能力	10	

评价指标	评价要素	分数	分数评定
工作过程	遵守管理规程，操作过程符合现场管理要求；平时上课的出勤情况和每天完成工作任务情况；善于多角度思考问题，能主动发现、提出有价值的问题	15	
思维状态	是否能发现问题、提出问题、分析问题、解决问题	10	
自评反馈	按时按质完成工作任务；较好地掌握了专业知识点；具有较强的信息分析能力和理解能力；具有较为全面严谨的思维能力并能条理明晰地表述成文	25	
总分		100	

任务 4.4　抛光工作站编程与调试

任务描述

　　抛光工作站的加工对象为焊接完成后的工件，此时工件的焊缝处有金属的飞溅、氧化物等杂质，使得焊缝外观较差。在执行抛光时，工业机器人使用末端安装的抛光工具对抛光工位的工件进行抛光操作。抛光工作站还可将抛光的压力值实时传输至上层控制器，进而传输至工业机器人。

　　本任务需要在了解抛光工艺的基础上，根据实训指导手册进行工业机器人的示教编程，并完成抛光工艺程序的调试运行。

任务目标

　　1.明确抛光工艺的要求。

　　2.确认需要抛光的工件位置，对抛光工艺各姿态及点位进行示教。

　　3.根据实训指导手册，完成抛光工艺流程的示教编程。

　　4.熟悉抛光工作站的安全机制，能够通过编程的方式实现当压力值超过预设阈值时，工业机器人停止运动。

　　5.能够利用抛光工作站对抛光工艺的模拟调试。

所需工具

　　安全操作指导书。

学时安排

建议学时共 8 学时，其中相关知识学习建议 4 学时，学员练习建议 4 学时。

工作流程

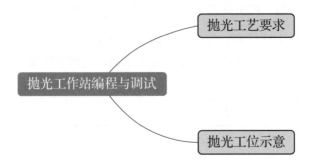

知识储备

1. 抛光工艺要求

抛光是利用抛光工具和磨料颗粒或其他抛光介质对工件表面粗糙度进行修饰的加工工艺。

在抛光时，工件的抛光表面在抛光压力作用下，原本凹凸不平的峦形加工面被磨削填平，使得表面得到修饰。抛光工艺可以进一步降低零件的表面粗糙度，消除零件表面缺陷，使得零件获得光亮的外观。在工业应用中，常运用抛光工艺对零件表面进行精整后，再进行电镀、喷涂等加工处理，从而大幅度提高了零件的抗蚀性。

在抛光工艺中，需根据抛光对象（零件）的材料进行抛光轮、抛光轮圆周速度、抛光步长以及抛光介质的选定。

本抛光工作站中的工业机器人，需要对图 4-38 所示焊接工件的顶面焊缝（长度：17.6 mm）进行抛光。根据焊缝的材料和尺寸，选定抛光工具为羊毛轮，抛光轮的圆周速度为 30 m/s，抛光的步长为 5 mm。

2. 抛光工位示意

抛光工作站的工业机器人末端装有抛光工具（转速 60 r/min），抛光过程中所使用的工作点位见图 4-39，以每 5 mm 的步长和 10 mm/s 的移动速度进行抛光。

根据抛光工艺需求规划图 4-17 所示的抛光工艺轨迹，各点位功能说明见表 4-14。

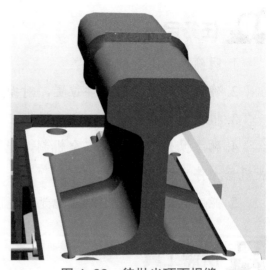

图 4-38　待抛光顶面焊缝

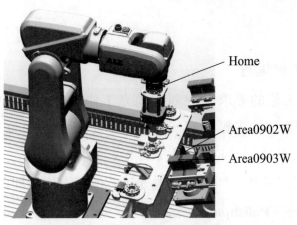

图4-39　抛光工艺轨迹点位规划

表4-14　抛光工艺轨迹点位和功能说明

点位名称	姿态说明	示意图
Area0901R	抛光临近点	
Area0902W	抛光起始点	
Area0903W	抛光终止点	

任务实施

1. 抛光工作站的示教编程

根据顶面焊缝抛光工艺的要求和规划的抛光工作轨迹点位，完成抛光工作轨迹程序 PBuffing() 的编写，编写程序的步骤如下。

本章节编程部分，会默认为工业机器人末端已经将抛光工具安装完毕。而对于抛光程序的要求在于，可以实现抛光动作，能够完成抛光工艺的基本流程即可。

1）抛光参数赋值程序 FPolishpara2

（1）在 Program 程序模块中新建带参打磨参数赋值程序 FPolishpara2。参数分别为：抛光夹具形参 GripOn、抛光速度形参 BuffingSpeed，如图 4-40 所示。

图 4-40　新建带参打磨参数赋值程序 FPolishpara2

（2）利用赋值指令依次将各形参的值赋值给打磨/抛光通信参数数组的第 4 位和第 5 位，然后调用发送通信参数程序 CSendPolishpara，如图 4-41 所示。

（3）延时 0.5 s 后，调用接收通信参数程序 CReceiveState，如图 4-42 所示。

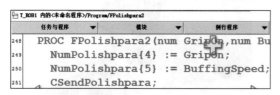

图 4-41　赋值、发送工艺参数程序段

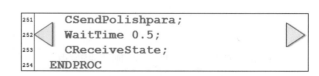

图 4-42　接收参数反馈程序段

（4）整理程序如下。

```
PROC FPolishpara2(num GripOn,num BuffingSpeed)
    NumPolishpara{4} := GripOn;
    NumPolishpara{5} := BuffingSpeed;
    CSendPolishpara;
    WaitTime 0.5;
    CReceiveState;
ENDPROC
```

2）新建执行抛光程序

（1）新建执行抛光程序 PBuffing()。

（2）工业机器人持抛光工具从 Home 点运动至抛光临近点，然后发送打磨工艺参数，夹紧待抛光工件，赋值抛光工具以 60 r/min 的转速（未开始运转）。然后等待抛光工位夹具夹紧反馈信息，如图 4-43 所示。

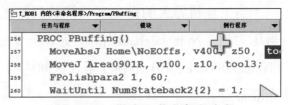

图 4-43　抛光工艺准备程序段

（3）通过置位抛光信号"ToTDigPolish"来开启打磨工具，然后工业机器人按照抛光路径进行运动，抛光完毕后关闭打磨工具。注意：为保证抛光工件的表面质量，在 Area0902W → Area0903W 路径区间内，工业机器人移动速度应保持在 v10 速度或以下，如图 4-44 所示。

（4）工业机器人再次刷新抛光工艺参数，松开抛光工位的夹具，然后等待夹具松开的反馈信息。至此抛光程序编制完毕，如图 4-45 所示。

图 4-44　抛光轨迹程序段

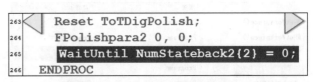

图 4-45　抛光工艺结束程序段

（5）整理程序如下。

```
PROC PBuffing()
        MoveAbsJ Home\NoEOffs, v400, z50, tool3;
        MoveJ Area0901R, v100, z10, tool3;
        FPolishpara2 1, 60;
        WaitUntil NumStateback2{2} = 1;
        Set ToTDigPolish;
        MoveL Area0902W, v50, fine, tool3;
        MoveL Area0903W, v10, fine, tool3;
        MoveL Area0901R, v50, fine, tool3;
        Reset ToTDigPolish;
        FPolishpara2 0, 0;
        WaitUntil NumStateback2{2} = 0;
ENDPROC
```

2. 抛光工作站的工艺保障机制及编程

抛光工作站的工业机器人在抛光过程中，当抛光的压力值超过预设阈值时，会停止运动。抛光工作站在进行抛光工艺流程时，运用程序实现上述工艺保障机制，以保证抛光的质量和作业安全。

抛光工作站的工业机器人（已安装抛光工具）从安全起始点 Home 运动到抛光准备点。工业机器人接收到抛光工件已夹紧信号后，运动到抛光工位进行工件的抛光。抛光时的压力值由压力传感器传输给 PLC，经 PLC 处理后将对应数据信息传送给工业机器人端的反馈参数 NumStateback2 数组中的第 3 位。

当工业机器人的抛光工具接触到抛光起始点 Area0902W 时，就会对当前工件产生压力。当压力值（NumStateback2{3}）为 3 至 5 时，工业机器人进行正常抛光工艺流程；当压力值（NumStateback2{3}）不在 3 至 5 区间内时，停止工业机器人当前的抛光任务，直接运动至抛光准备点。

根据上述的条件和要求，我们可以在原抛光程序 PBuffing 的基础上完善关于抛光压力反馈机制的编程。具体方法和步骤如下。

（1）点击"文件"，选择"复制例行程序 ..."，复制原抛光程序 PBuffing，如图 4-46 所示。

（2）更新程序名称为 PBuffingCraft，如图 4-47 所示。

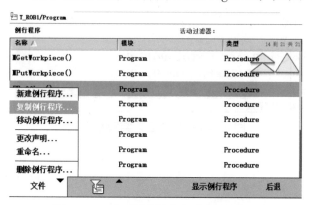

图 4-46　复制原抛光程序 PBuffing

图 4-47　更新程序名称为 PBuffingCraft

（3）在到达抛光起始点 Area0902W 之后，添加通信参数子程序语句 CReceiveState，使工业机器人接收当前的抛光压力反馈值。

（4）添加条件判断语句 IF。按照工艺要求设置判定条件。当满足该条件时，执行运动到抛光终止点指令语句；反之，若不满足则直接执行运动到抛光临近点指令语句。添加此变动后，程序编制完毕。

整理程序如下。

```
PROC PBuffingCraft()
    MoveAbsJ Home\NoEOffs, v400, z50, tool3;
    MoveJ Area0901R, v100, z10, tool3;
    FPolishpara2 1, 60;
    WaitUntil NumStateback2{2} = 1;
    Set ToTDigPolish;
    MoveL Area0902W, v50, fine, tool3;
    CReceiveState;
    IF (NumStateback2{3} >= 3) AND (NumStateback2{3} <= 5) THEN
        MoveL Area0903W, v10, fine, tool3;
    ENDIF
    MoveL Area0901R, v50, fine, tool3;
    Reset ToTDigPolish;
    FPolishpara2 0, 0;
```

```
        WaitUntil NumStateback2{2} = 0;
ENDPROC
```

（5）利用"ProcCall"指令调用新建的抛光工艺程序：PBuffingCraft，如图4-48所示，即完成主程序的编写。

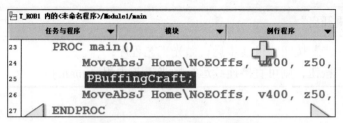

图4-48　抛光工艺主程序段

3. 抛光工艺的调试

调试抛光工艺程序

在抛光工艺调试的过程中，认真观察压力控制显示器的数值以及工业机器人进行抛光工艺流程时的工作情况，密切注意工业机器人运动路径上各点位的抛光工具与周边设备的设定合适的空间距离，避免发生碰撞。

1）手动控制模式下运行和调试抛光工艺保障程序

手动控制模式下运行抛光工艺保障程序的操作流程参见表4-15。

注意：在运行程序前，需先确认打磨/抛光工作站已根据电气图纸完成了所有通信的硬件接线；抛光工件已完成装夹，工业机器人本体单元已安装好抛光工具。

表4-15　手动控制模式下运行抛光工艺保障程序的操作流程

序号	操作
1	将控制柜模式开关转到手动模式
2	进入程序编辑界面，将程序指针移至抛光工艺保障程序（PBuffingCraft）
3	按下"使能"按钮并保持在中间挡，按压程序调试按钮"前进一步"，逐步运行，并完成程序的调试
4	完成程序的单步调试后，可保持按下"使能"按钮中间挡，按压"启动"按钮进行抛光工艺，保障程序的连续运行

注意：由于在抛光工艺保障程序中，要求抛光压力为3~5 N，这个参数是由工业机器人在抛光起始点位和终止点位的姿态来保证的，因此对这两个点的示教精准度要求比较严格，在调试过程中需要反复示教并验证。

2）自动控制模式下运行和调试抛光工艺保障程序

自动控制模式下运行抛光工艺保障程序的操作流程参见表4-16，自动控制模式下运行和调试程序需在手动控制模式下调试验证后进行。

注意：在运行抛光工艺保障程序前，需先确认打磨抛光工作站已根据电气图纸完成了所有通信的硬件接线，抛光工件已完成装夹，工业机器人本体单元已安装好抛光工具。

表4-16　自动控制模式下运行抛光工艺保障程序的操作流程

序号	操作
1	将控制柜模式开关转到自动模式，并在示教器上点击"确定"，完成确认模式的更改操作
2	然后将程序指针移动至抛光工艺主程序 main ( ) 中
3	按下"电机开启"
4	按"前进一步"按钮，可逐步运行抛光工艺程序； 按"启动"按钮，则可直接连续运行抛光工艺主程序 main ( )

 任务评价

任务评价表见表4-17，活动过程评价表见表4-18。

表4-17　任务评价表

评价项目	比例	配分	序号	评价要素	评分标准	自评	教师评价
6S职业素养	30%	30分	1	选用适合的工具实施任务，清理无须使用的工具	未执行扣6分		
			2	合理布置任务所需使用的工具，明确标识	未执行扣6分		
			3	清除工作场所内的脏污，发现设备异常立即记录并处理	未执行扣6分		
			4	规范操作，杜绝安全事故，确保任务实施质量	未执行扣6分		
			5	具有团队意识，小组成员分工协作，共同高质量完成任务	未执行扣6分		
抛光工作站编程与调试	70%	70分	1	明确抛光工艺要求	未掌握扣10分		
			2	能够根据抛光工艺要求，完成参数赋值程序编写	未掌握扣10分		
			3	能够根据抛光工艺要求，完成抛光工艺程序	未掌握扣20分		
			4	能够根据抛光工艺要求，完成工艺保障程序编写	未掌握扣20分		
			5	能够调试运行抛光工艺程序	未掌握扣10分		
合计							

表4-18 活动过程评价表

评价指标	评价要素	分数	分数评定
信息检索	能有效利用网络资源、工作手册查找有效信息；能用自己的语言有条理地去解释、表述所学知识；能将查找到的信息有效转换到工作中	10	
感知工作	是否熟悉各自的工作岗位，认同工作价值；在工作中，是否获得满足感	10	
参与状态	与教师、同学之间是否相互尊重、理解、平等；与教师、同学之间是否能够保持多向、丰富、适宜的信息交流。 探究学习、自主学习不流于形式，处理好合作学习和独立思考的关系，做到有效学习；能提出有意义的问题或能发表个人见解；能按要求正确操作；能够倾听、协作分享	20	
学习方法	工作计划、操作技能是否符合规范要求；是否获得了进一步发展的能力	10	
工作过程	遵守管理规程，操作过程符合现场管理要求；平时上课的出勤情况和每天完成工作任务情况；善于多角度思考问题，能主动发现、提出有价值的问题	15	
思维状态	是否能发现问题、提出问题、分析问题、解决问题	10	
自评反馈	按时按质完成工作任务；较好地掌握了专业知识点；具有较强的信息分析能力和理解能力；具有较为全面严谨的思维能力并能条理明晰地表述成文	25	
总分		100	

项目知识测评

1. 单选题

（1）由于打磨/抛光工艺的工作台面是倾斜安置的，在工业机器人系统中构建以下哪类坐标系可以较为容易地示教工作点位？（   ）

A. 工具坐标系　　　B. 工件坐标系　　　C. 基坐标系　　　D. 大地坐标系

（2）抛光/打磨系统是一个庞大的家族，下列组件中哪个不属于打磨/抛光组件？（   ）

A. 固定打磨头　　　B. 抛光工具　　　C. 压力传感器　　　D. 激光发生器

（3）在进行工业机器人与PLC的TCP/IP通信时，工业机器人与PLC在经过一次数据交互之后便出现通信故障了。在反复检查通信程序，并且确保电气硬件接线正确的情况下，下列因素中最有可能的是（   ）。

A. 工业机器人通信时间设置有误

B. PLC的反馈数据块关联有误

C. 工业机器人系统中有原本已经建立的 Socket，在建立新连接时未断开原本的连接

D. 工业机器人 DSQC 652 I/O 板故障

2. 多选题

（1）工业机器人打磨工艺的输出参数包括（　　　）。

A. 打磨磨削量

B. 打磨线速度

C. 工业机器人 TCP 移动速度

D. 抛光线速度

（2）在执行打磨工艺时，若发现在工业机器人发出相关指令后，固定打磨头随即不能正常启动，下列哪些做法对排除故障有实质性帮助？（　　　）

A. 检查工业机器人与 PLC 的通信线缆是否正确插接

B. 更换工艺流程，重新编程

C. 操作工业机器人重新发送指令，在博图软件中检测相关输入 / 输出点的状态变化

D. 识读电气图纸，检查 PLC 与固定打磨头之间的电气接线是否符合图纸要求

3. 判断题

（1）抛光压力值越大，工件的抛光效果就越好，所以在示教工业机器人抛光工作点位时，抛光压力应在负载范围内尽可能大。　　　　　　　　　　　　　　　　　（　　　）

（2）在执行打磨工艺时可能会出现金属飞屑，需要格外注意人身安全。　（　　　）

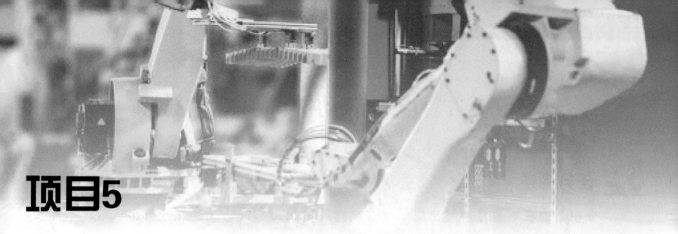

项目5

常用电机故障诊断和排除

 **项目导言**

　　本项目围绕工业机器人维护维修岗位职责和企业实际生产中的工业机器人电机维护维修工作内容，就电机在启动和运行过程中出现的故障及故障诊断和排除方法进行了详细的讲解，并设置了丰富的实训任务，使学生通过实操进一步理解维护维修的分析和操作思路。

 **项目目标**

　　1.培养分析电机启动故障的原因和选择处理方法的能力。

　　2.培养分析和解决电机空载电流失衡故障的能力。

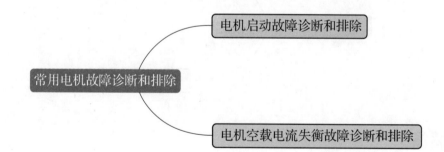

任务 5.1　电机启动故障诊断和排除

 任务描述

工业机器人在电机启动时出现了一些故障，请根据实际情况查找分析出现故障的原因，并根据操作步骤完成工业机器人电机启动故障的处理。

 任务目标

1. 分析工业机器人电机无法启动的原因。

2. 根据操作步骤完成对工业机器人电机启动故障的处理。

 所需工具

电机专用拆装工具、内六角扳手套组、十字螺丝刀、一字螺丝刀、万用电表、示波器、电机安全操作指导书。

 学时安排

建议学时共 6 学时，其中相关知识学习建议 3 学时，学员练习建议 3 学时。

 工作流程

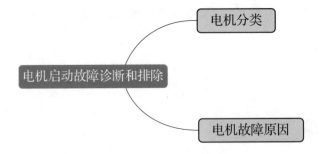

 知识储备

1. 电机分类

电机的种类有很多，常见的分类如下。

（1）按工作电源种类分为直流电机和交流电机。

（2）按结构和工作原理分为直流电机、异步电机、同步电机。

（3）按启动与运行方式分为电容启动式单相异步电机、电容运转式单相异步电机、电容启动运转式单相异步电机和分相式单相异步电机。

（4）按用途分为驱动用电机和控制用电机。

（5）按转子的结构分为笼型感应电机（鼠笼型异步电机）和绕线转子感应电机（绕线型异步电机）。

（6）按运转速度分为高速电机、低速电机、恒速电机、调速电机。

2. 电机故障原因

电机在启动过程中会发生各种各样的故障，不同电机启动故障对应的故障原因总结如下：

1）故障 1：通电后电机不能转动，但无异响，也无异味和冒烟

（1）电源未通（至少两相未通）；

（2）熔丝熔断（至少两相熔断）；

（3）控制设备接线错误；

（4）电机已经损坏。

2）故障 2：通电后电机不转，然后熔丝烧断

（1）缺某一相电源，或定子线圈某一相反接；

（2）定子绕组相间短路；

（3）定子绕组接地；

（4）定子绕组接线错误；

（5）熔丝截面过小；

（6）电源线短路或接地。

3）故障 3：通电后电机不转，有嗡嗡声

（1）定子、转子绕组有断路（某一相断线）或电源某一相失电；

（2）绕组引出线始末端接错或绕组内部接反；

（3）电源回路接点松动，接触电阻大；

（4）电机负载过大或转子卡住；

（5）电源电压过低；

（6）小型电机装配太紧或轴承内油脂过硬，轴承卡住。

4）故障 4：电机启动困难，带额定负载时，电机转速低于额定转速较多

（1）电源电压过低；

（2）内部接线错误，△接法误接为 Y 接法；

（3）笼型转子开焊或断裂；

（4）定子、转子局部线圈错接、接反；

（5）电机过载。

任务实施

针对中各类电机启动异常故障，对应的处理方法可详见表 5-1、表 5-2、表 5-3 和表 5-4。

表 5-1　电机启动故障 1 处理

序号	处理措施	参考信息
1	检查电源回路开关，熔丝、接线盒处是否有断点，如有断点需要在电机断电情况下修复	
2	检查熔丝型号、熔断原因，更换熔丝	
3	检查电机与其控制设备之间的接线，如有错误需要在断电情况下重新接线	注意安全操作注意事项。参照电机产品手册进行操作
4	如经过以上操作，电机仍不能正常启动，需参照产品手册更换电机	

表 5-2　电机启动故障 2 处理

序号	处理措施	参考信息
1	检查刀闸是否有一相未合好，或电源回路有一相断线；消除反接故障	
2	在断电情况下，使用万用表查找定子绕组短路点，予以修复	
3	消除定子绕组接地	
4	在断电情况下，使用万用表查找定子绕组误接，予以更正	注意安全操作注意事项。参照电机产品手册进行操作
5	检查熔丝型号，更换熔丝	
6	检查并排除电源短路现象和电源线接地点	
7	如经过以上操作，电机仍不能正常启动，需参照产品手册更换电机	

表 5-3　电机启动故障 3 处理

序号	处理措施	参考信息
1	在断电情况下，使用万用表查明断点，予以修复	
2	检查绕组极性，判断绕组首末端是否正确	
3	紧固松动的接线螺栓，用万用表判断各接头是否假接，予以修复	注意安全操作注意事项。参照电机产品手册进行操作
4	减载或查出并消除机械故障	
5	检查是否把规定的△接法误接为 Y 接法；是否由于电源导线过细使压降过大，予以纠正	
6	重新装配使之灵活更换合格油脂，修复或更换轴承	

表 5-4　电机启动故障 4 处理

序号	处理措施	参考信息
1	测量电源电压，设法改善电机电源	注意安全操作注意事项。 参照电机产品手册进行操作
2	查找并确定电机内部接线，如果接线错误需纠正接法	
3	检查内部接线是否有开焊和断点并修复	
4	查出定子、转子局部线圈误接处，予以改正	
5	对故障电机减载	
6	如经过以上操作，电机仍不能正常启动，需参照产品手册更换电机	

安全注意事项：

所有正常的检修工作、安装、维护和维修工作通常在关闭全部电气、气压和液压动力的情况下执行。通常使用机械挡块等防止所有操纵器运动。在故障排除时通过在本地运行的工业机器人程序或者通过与系统连接的 PLC 从 FlexPendant 手动控制操纵器运动。

故障排除期间存在危险，在故障排除期间必须无条件地考虑以下这些注意事项。

（1）所有电气部件必须视为带电的。

（2）操纵器必须能够随时进行任何运动。

（3）由于安全电路可能已经断开或难以启用正常禁止的功能，因此，系统必须能够执行相应操作。

 任务评价

任务评价表见表 5-5，活动过程评价表见表 5-6。

表 5-5　任务评价表

评价项目	比例	配分	序号	评价要素	评分标准	自评	教师评价
6S职业素养	30%	30分	1	选用适合的工具实施任务，清理无须使用的工具	未执行扣 6 分		
			2	合理布置任务所需使用的工具，明确标识	未执行扣 6 分		
			3	清除工作场所内的脏污，发现设备异常立即记录并处理	未执行扣 6 分		
			4	规范操作，杜绝安全事故，确保任务实施质量	未执行扣 6 分		
			5	具有团队意识，小组成员分工协作，共同高质量完成任务	未执行扣 6 分		

评价项目	比例	配分	序号	评价要素	评分标准	自评	教师评价
电机启动故障诊断和排除	70%	70 分	1	掌握电机典型分类方式	未掌握扣 10 分		
			2	针对故障现象：通电后电机不能转动、无异响、无异味和冒烟，能够诊断并排除故障	未掌握扣 15 分		
			3	针对故障现象：通电后电机不转，然后熔丝烧断，能够诊断并排除故障	未掌握扣 15 分		
			4	针对故障现象：通电后电机不转、有嗡嗡声，能够诊断并排除故障	未掌握扣 15 分		
			5	针对故障现象：电机启动困难，带额定负载时，电机转速低于额定转速较多，能够诊断并排除故障	未掌握扣 15 分		
合计							

表 5-6　活动过程评价表

评价指标	评价要素	分数	分数评定
信息检索	能有效利用网络资源、工作手册查找有效信息；能用自己的语言有条理地去解释、表述所学知识；能将查找到的信息有效转换到工作中	10	
感知工作	是否熟悉各自的工作岗位，认同工作价值；在工作中，是否获得满足感	10	
参与状态	与教师、同学之间是否相互尊重、理解、平等；与教师、同学之间是否能够保持多向、丰富、适宜的信息交流。 探究学习、自主学习不流于形式，处理好合作学习和独立思考的关系，做到有效学习；能提出有意义的问题或能发表个人见解；能按要求正确操作；能够倾听、协作分享	20	
学习方法	工作计划、操作技能是否符合规范要求；是否获得了进一步发展的能力	10	
工作过程	遵守管理规程，操作过程符合现场管理要求；平时上课的出勤情况和每天完成工作任务情况；善于多角度思考问题，能主动发现、提出有价值的问题	15	
思维状态	是否能发现问题、提出问题、分析问题、解决问题	10	
自评反馈	按时按质完成工作任务；较好地掌握了专业知识点；具有较强的信息分析能力和理解能力；具有较为全面严谨的思维能力并能条理明晰地表述成文	25	
总分		100	

任务 5.2　电机空载电流失衡故障诊断和排除

任务描述

某工作站的电机空载时电流不平衡，三相相差很大，请根据实际情况查找分析空载电流失衡的原因，并根据操作步骤完成故障的排除。

任务目标

1. 分析电机空载电流失衡的原因。

2. 根据操作步骤完成对该故障的排除。

所需工具

电机专用拆装工具、内六角扳手套组、十字螺丝刀、一字螺丝刀、万用电表、示波器、电机安全操作指导书。

学时安排

建议学时共 6 学时，其中相关知识学习建议 3 学时，学员练习建议 3 学时。

工作流程

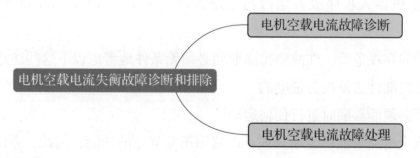

知识储备

常见的电机空载电流故障主要有两种情况。

1）故障1：电机空载电流不平衡，三相相差大

（1）绕组首尾端接错；

（2）电源电压不平衡；

（3）绕组有匝间短路、线圈反接等故障。

2）故障2：电机空载电流平衡，但数值大

（1）电源电压过高；

（2）Y接电机误接为△接。

 任务实施

针对各类电机空载故障，对应的处理方法可详见表5-7和表5-8。

表5-7　电机空载故障1处理

序号	处理措施	参考信息
1	检查绕组首尾端是否接错，并纠正	注意安全操作注意事项。参照电机产品手册进行操作
2	测量电源电压，设法消除不平衡	
3	消除绕组匝间短路、线圈反接等故障	

表5-8　电机空载故障2处理

序号	处理措施	参考信息
1	检查电源，设法恢复额定电压	注意安全操作注意事项。参照电机产品手册进行操作
2	改△接为Y接	

安全注意事项：

所有正常的检修工作、安装、维护和维修工作通常在关闭全部电气、气压和液压动力的情况下执行。通常使用机械挡块等装置防止所有操纵器运动。在故障排除时通过在本地运行的工业机器人程序或者通过与系统连接的PLC从FlexPendant手动控制操纵器运动。

故障排除期间存在危险，在故障排除期间必须无条件地考虑以下这些注意事项。

（1）所有电气部件必须视为带电的。

（2）操纵器必须能够随时进行任何运动。

（3）由于安全电路可能已经断开或难以启用正常禁止的功能，因此，系统必须能够执行相应操作。

任务评价

任务评价表见表5-9，活动过程评价表见表5-10。

表 5-9　任务评价表

评价项目	比例	配分	序号	评价要素	评分标准	自评	教师评价
6S 职业素养	30%	30分	1	选用适合的工具实施任务，清理无须使用的工具	未执行扣 6 分		
			2	合理布置任务所需使用的工具，明确标识	未执行扣 6 分		
			3	清除工作场所内的脏污，发现设备异常立即记录并处理	未执行扣 6 分		
			4	规范操作，杜绝安全事故，确保任务实施质量	未执行扣 6 分		
			5	具有团队意识，小组成员分工协作，共同高质量完成任务	未执行扣 6 分		
故障诊断和排除 电机空载电流失衡	70%	70分	1	针对电机空载电流不平衡、三相相差大的故障现象，能够分析造成故障的原因	未掌握扣 20 分		
			2	针对电动机空载电流不平衡、三相相差大的故障现象，能采用适当处理方式排除故障	未掌握扣 15 分		
			3	针对电动机空载电流平衡但数值大的故障现象，能够分析造成故障的原因	未掌握扣 20 分		
			4	针对电机空载电流平衡但数值大的故障现象，能采用适当处理方式排除故障	未掌握扣 15 分		
合计							

表 5-10　活动过程评价表

评价指标	评价要素	分数	分数评定
信息检索	能有效利用网络资源、工作手册查找有效信息；能用自己的语言有条理地去解释、表述所学知识；能将查找到的信息有效转换到工作中	10	
感知工作	是否熟悉各自的工作岗位，认同工作价值；在工作中，是否获得满足感	10	
参与状态	与教师、同学之间是否相互尊重、理解、平等；与教师、同学之间是否能够保持多向、丰富、适宜的信息交流。探究学习、自主学习不流于形式，处理好合作学习和独立思考的关系，做到有效学习；能提出有意义的问题或能发表个人见解；能按要求正确操作；能够倾听、协作分享	20	
学习方法	工作计划、操作技能是否符合规范要求；是否获得了进一步发展的能力	10	

评价指标	评价要素	分数	分数评定
工作过程	遵守管理规程，操作过程符合现场管理要求；平时上课的出勤情况和每天完成工作任务情况；善于多角度思考问题，能主动发现、提出有价值的问题	15	
思维状态	是否能发现问题、提出问题、分析问题、解决问题	10	
自评反馈	按时按质完成工作任务；较好地掌握了专业知识点；具有较强的信息分析能力和理解能力；具有较为全面严谨的思维能力并能条理明晰地表述成文	25	
总分		100	

项目知识测评

1. 单选题

（1）电机按照不同的分类标准会有不同的种类。下列各类型的电机，不是按照运转速度来分类的是（　　　）。

A. 恒速电机　　　　　B. 同步电机　　　　　C. 调速电机　　　　　D. 高速电机

（2）通电后电机不转且伴有嗡嗡声，可能是由于以下哪个原因？（　　　）

A. 电源线短路或接地　　　　　　B. 熔丝截面过小

C. 控制设备接线错误　　　　　　D. 电机负载过大或转子卡住

（3）电机空载电流平衡，但是数值较大，可能是下列哪个因素导致的？（　　　）

A. Y 接电机误接为△接　　　　　B. 绕组首尾端接错

C. 电源电压不平衡　　　　　　　D. 绕组有匝间短路、线圈反接等故障

2. 多选题

（1）通电后电机不转，然后熔丝烧断，可能是由下列哪个因素引起的？（　　　）

A. 电源回路接点松动，接触电阻较大　　　B. 电源电压较大

C. 定子绕组相间短路　　　　　　　　　　D. 缺某一相电源

（2）针对电机空载电流不平衡的问题，下列措施能够解决实质故障问题的是（　　　）。

A. 检查绕组首位端是否接错　　　B. 设法恢复额定电压

C. 消除绕组匝间短路、线圈反接等故障　　D. △接改为 Y 接

3. 判断题

（1）所有的检修工作通常都是在关闭全部电气的情况下执行的，因此，这些电气部件都不带电，可以手动随意拆卸。　　　　　　　　　　　　　　　　　　　　　　　（　　　）

（2）在电机启动时，带额定负载但是转速低于额定转速较多，可能是由于电源电压过低导致的。　　　　　　　　　　　　　　　　　　　　　　　　　　　　　　　（　　　）

项目6

常用传感器故障诊断和排除

项目导言

    本项目围绕工业机器人维护维修岗位职责和企业实际生产中的工业站常用传感器的维护维修工作内容，就视觉传感器和力觉传感器在使用过程中出现的故障进行分析和维修操作的详细的讲解，并设置了丰富的实训任务，使学生通过实操进一步理解维护维修的分析和操作思路。

项目目标

    1.培养分析视觉传感器故障的原因和解决问题的能力。
    2.培养分析力觉传感器故障的原因和解决问题的能力。

常用传感器故障诊断和排除 ——— 视觉传感器故障诊断和排除

常用传感器故障诊断和排除 ——— 力觉传感器故障诊断和排除

任务 6.1　视觉传感器故障诊断和排除

任务描述

某工作站的视觉传感器在运行时出现了一些故障，请根据实际情况查找分析出现故障的原因，并根据操作步骤完成工业机器人视觉传感器故障的处理。

任务目标

1. 分析工业机器人视觉传感器故障的原因。
2. 根据操作步骤完成对工业机器人视觉传感器故障的处理。

所需工具

标准电气工具包、十字螺丝刀、一字螺丝刀、万用电表、视觉传感器安全操作手册。

学时安排

建议学时共 6 学时，其中相关知识学习建议 2 学时，学员练习建议 4 学时。

工作流程

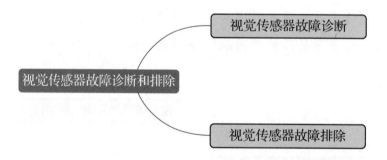

知识储备

工业机器视觉系统是通过视觉传感器（即图像摄取装置，分 CMOS 和 CCD 两种）将被摄取目标转换成图像信号，传送给专用的图像处理系统，得到被摄目标的形态信息，根据像素分布和亮度、颜色等信息，转变成数字化信号。

视觉传感器故障主要是相机故障和控制器故障，其中控制器连接故障在中级任务 8.2 中已经做过介绍，本节主要讲解相机故障的诊断和处理。

常见的相机故障及对应的故障原因有以下几种情况。

1. 故障1：无图像

（1）外加电源极性不正确；

（2）输出电压误差值大；

（3）视频连线接触不良；

（4）镜头光圈没打开。

2. 故障2：彩色失真、偏色

（1）白平衡开关设置不当；

（2）环境光变化太大。

3. 故障3：图像出现扭曲或者几何失真

（1）CCD或者监视器的几何校正电路问题；

（2）镜头选择错误；

（3）视频连接线缆和设备的特征阻抗与CCD输出阻抗不匹配。

4. 故障4：画面出现黑色竖条或横条混动

工业机器人供电输出电压纹波太大。

 任务实施

针对上文中各类视觉传感器故障，对应的处理方法可详见表6-1、表6-2、表6-3和表6-4。

表6-1　视觉传感器故障1处理

序号	处理措施	参考信息
1	检查并纠正外加电源的极性	注意安全操作注意事项
2	测量电源电压，使输出电压满足要求	
3	检查并正确连接视频电缆	
4	调节相机光圈至正确位置	

表6-2　视觉传感器故障2处理

序号	处理措施	参考信息
1	检查并重新设置白平衡开关	注意安全操作注意事项
2	添加合适的光源，减少环境光的影响	

表6-3 视觉传感器故障3处理

序号	处理措施	参考信息
1	检查并几何校正电路并排除问题	注意安全操作注意事项
2	更换镜头	
3	更换相机线缆	

表6-4 视觉传感器故障4处理

序号	处理措施	参考信息
1	加强滤波；并采用性能好的直流稳压电源	注意安全操作注意事项

安全注意事项：

所有正常的检修工作、安装、维护和维修工作通常在关闭全部电气、气压和液压动力的情况下执行。

故障排除期间存在危险，在故障排除期间必须无条件地考虑以下这些注意事项。

（1）所有电气部件必须视为带电的。

（2）操纵器必须能够随时进行任何运动。

（3）由于安全电路可能已经断开或难以启用正常禁止的功能，因此系统必须能够执行相应操作。

任务评价

任务评价表见表6-5，活动过程评价表见表6-6。

表6-5 任务评价表

评价项目	比例	配分	序号	评价要素	评分标准	自评	教师评价
6S职业素养	30%	30分	1	选用适合的工具实施任务，清理无须使用的工具	未执行扣6分		
			2	合理布置任务所需使用的工具，明确标识	未执行扣6分		
			3	清除工作场所内的脏污，发现设备异常立即记录并处理	未执行扣6分		
			4	规范操作，杜绝安全事故，确保任务实施质量	未执行扣6分		
			5	具有团队意识，小组成员分工协作，共同高质量完成任务	未执行扣6分		

续表

评价项目	比例	配分	序号	评价要素	评分标准	自评	教师评价
视觉传感器故障诊断和排除	70%	70分	1	针对视觉传感器无图像的故障现象，能够分析造成故障的原因并排除故障	未掌握扣20分		
			2	针对视觉传感器彩色失真、偏色的故障现象，能够分析造成故障的原因并排除故障	未掌握扣15分		
			3	针对视觉传感器图像出现扭曲或者几何失真的故障现象，能够分析造成故障的原因并排除故障	未掌握扣20分		
			4	针对视觉传感器画面出现黑色竖条或横条混动的故障现象，能够分析造成故障的原因并排除故障	未掌握扣15分		
合计							

表6-6 活动过程评价表

评价指标	评价要素	分数	分数评定
信息检索	能有效利用网络资源、工作手册查找有效信息；能用自己的语言有条理地去解释、表述所学知识；能将查找到的信息有效转换到工作中	10	
感知工作	是否熟悉各自的工作岗位，认同工作价值；在工作中，是否获得满足感	10	
参与状态	与教师、同学之间是否相互尊重、理解、平等；与教师、同学之间是否能够保持多向、丰富、适宜的信息交流。 探究学习、自主学习不流于形式，处理好合作学习和独立思考的关系，做到有效学习；能提出有意义的问题或能发表个人见解；能按要求正确操作；能够倾听、协作分享	20	
学习方法	工作计划、操作技能是否符合规范要求；是否获得了进一步发展的能力	10	
工作过程	遵守管理规程，操作过程符合现场管理要求；平时上课的出勤情况和每天完成工作任务情况；善于多角度思考问题，能主动发现、提出有价值的问题	15	
思维状态	是否能发现问题、提出问题、分析问题、解决问题	10	
自评反馈	按时按质完成工作任务；较好地掌握了专业知识点；具有较强的信息分析能力和理解能力；具有较为全面严谨的思维能力并能条理明晰地表述成文	25	
总分		100	

任务 6.2　力觉传感器故障诊断和排除

任务描述

某工作站的抛光工位的力觉传感器出现故障无法正常显示力觉传感器的数值，请根据实际情况查找分析该故障的原因，并根据操作步骤完成故障的排除。

任务目标

1. 分析力觉传感器故障的原因。
2. 根据操作步骤完成对该故障的排除。

所需工具

力觉传感器专用工具、标准电气工具包、十字螺丝刀、一字螺丝刀、万用电表、力觉传感器安全操作手册。

学时安排

建议学时共 6 学时，其中相关知识学习建议 2 学时，学员练习建议 4 学时。

工作流程

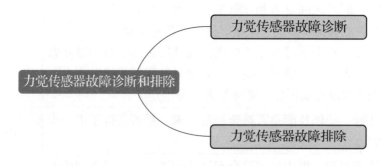

力觉传感器是用来检测工业机器人的手臂和手腕所产生的力或其所受反力的传感器。力觉传感器的元件大多使用半导体应变片。将这种传感器件安装于弹性结构的被检测处。

在本文所述工作站中，力觉传感器被安装在抛光工位处，用以测量并反馈所受到的工件重力以及抛光压力，故在本任务中我们也称之为称重传感器。本节就常见的力觉传感器来分析其故障现象及处理方式。

知识储备

力觉传感器故障诊断步骤如表 6-7 所示。

表 6-7 力觉传感器故障诊断步骤

序号	操作步骤
1	完成力觉传感器的电气接线与通信接线后，上电
2	观察力觉传感器操作界面显示屏，若无数显，需要检查传感器的硬件接线，解决故障；若确认硬件接线无问题，连接线缆也无问题，需联系产品售后人员进行维修
3	完成力觉传感器的参数设置后，可以进行称重测试，若显示数值与实际估算值差距较大，则需参照产品手册完成称重参数、校准参数的重新设置
4	如若操作界面显示错误代码，则需参照实训指导书进行故障的排除

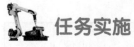 **任务实施**

如若力觉传感器的操作界面显示错误代码，则需按照表 6-8 中内容进行故障处理。

表 6-8 力觉传感器故障处理

故障码	原因	处理
Err0	称重信号出错	确保参数"称重信号类型"的设定值、DIP1/DIP2 拨码位置与实际输入的称重信号相符时，重新上电
Err1	RAM 故障	更换 RAM 芯片
Err2.1 或 Err2.2	EEPROM 故障	更换 EEPROM 芯片
Err3	未使用	—
Err4	ADC 故障	更换 ADC 模块
0V–Ad	信号过大	称重信号超 A/D 转换范围。检查是否未连接称重传感器。检查是否是称重传感器量程太小。检查是否加载重量过大
OL	超载报警	总重＞（最大称量 +9 × 分度值）。检查是否未连接称重传感器；检查是否是称重传感器量程太小；检查是否是加载重量过大
0V–tr	不满足手动去皮条件	总重处于负值显示，超载报警或动态变化时，"手动去皮"操作无效
0V–nZ	超出"零位微调范围"	调整参数
tXX.XX	开机预热倒计时	等待预热时间结束或按任意键退出
0V–Zr	超出"自动初始置零范围"	参见手册参数调整

安全注意事项：

所有正常的检修工作、安装、维护和维修工作通常在关闭全部电气、气压和液压动力的情况下执行。

故障排除期间存在危险，在故障排除期间必须无条件地考虑以下这些注意事项。

（1）所有电气部件必须视为带电的。

（2）操纵器必须能够随时进行任何运动。

（3）由于安全电路可能已经断开或难以启用正常禁止的功能，因此，系统必须能够执行相应操作。

 **任务评价**

任务评价表见表6-9，活动过程评价表见表6-10。

表6-9　任务评价表

评价项目	比例	配分	序号	评价要素	评分标准	自评	教师评价
6S职业素养	30%	30分	1	选用适合的工具实施任务，清理无须使用的工具	未执行扣6分		
			2	合理布置任务所需使用的工具，明确标识	未执行扣6分		
			3	清除工作场所内的脏污，发现设备异常立即记录并处理	未执行扣6分		
			4	规范操作，杜绝安全事故，确保任务实施质量	未执行扣6分		
			5	具有团队意识，小组成员分工协作，共同高质量完成任务	未执行扣6分		
诊断和排除力觉传感器故障	70%	70分	1	针对试运行力觉传感器，进行故障排查	未掌握扣20分		
			2	能够根据力觉传感器操作界面显示的错误代码，诊断故障，并进行故障处理	未掌握扣50分		
合计							

表6-10　活动过程评价表

评价指标	评价要素	分数	分数评定
信息检索	能有效利用网络资源、工作手册查找有效信息；能用自己的语言有条理地去解释、表述所学知识；能将查找到的信息有效转换到工作中	10	
感知工作	是否熟悉各自的工作岗位，认同工作价值；在工作中，是否获得满足感	10	

续表

评价指标	评价要素	分数	分数评定
参与状态	与教师、同学之间是否相互尊重、理解、平等；与教师、同学之间是否能够保持多向、丰富、适宜的信息交流。 　　探究学习、自主学习不流于形式，处理好合作学习和独立思考的关系，做到有效学习；能提出有意义的问题或能发表个人见解；能按要求正确操作；能够倾听、协作分享	20	
学习方法	工作计划、操作技能是否符合规范要求；是否获得了进一步发展的能力	10	
工作过程	遵守管理规程，操作过程符合现场管理要求；平时上课的出勤情况和每天完成工作任务情况；善于多角度思考问题，能主动发现、提出有价值的问题	15	
思维状态	是否能发现问题、提出问题、分析问题、解决问题	10	
自评反馈	按时按质完成工作任务；较好地掌握了专业知识点；具有较强的信息分析能力和理解能力；具有较为全面严谨的思维能力并能条理明晰地表述成文	25	
总分		100	

项目知识测评

1. 单选题

（1）视觉传感器中的相机发生彩色失真故障时，可能是由下列哪个因素导致的？（　　）

A. 镜头光圈没打开　　　　　　　　　　B. 白平衡开关设置不当

C. 镜头选择错误　　　　　　　　　　　D. 外加电源极性不正确

（2）当视觉传感器中的相机无显示、无图像时，可能是由下列哪个因素导致的？（　　）

A. 工业机器人供电输出电压纹波太大　　B. 白平衡开关设置不当

C. 镜头选择错误　　　　　　　　　　　D. 外加电源极性不正确

2. 多选题

（1）视觉传感器中的相机出现图像扭曲或者几何失真，可能是由下列哪些因素导致的？（　　）

A. 环境光变化太大

B. CCD 或者监视器的几何校正电路有问题

C. 视频连接线缆和设备的特征阻抗与 CCD 输出阻抗不匹配

D. 工业机器人供电输出电压纹波太大

（2）当力觉传感器发出超载报警时，下列做法中正确的有（　　）。

A. 检查是否力觉传感器设置量程太小　　B. 更换 ADC 模块

C. 更换 RAM 芯片　　　　　　　　　　D. 检查是否加载重量过大

参考文献

［1］蒋正炎，许妍妩，莫剑中. 工业机器人视觉技术及行业应用［M］. 北京：高等教育出版社，2018.

［2］王晓勇，武昌俊，许妍妩. 工业机器人工作站操作与应用［M］. 北京：高等教育出版社，2021.

［3］陈岁生，温贻芳，许妍妩. 智能制造单元集成调试与应用［M］. 北京：高等教育出版社，2020.

［4］邱葭菲，许妍妩，庞浩. 工业机器人焊接技术及行业应用［M］. 北京：高等教育出版社，2018.

附录 I

工作站电气原理图

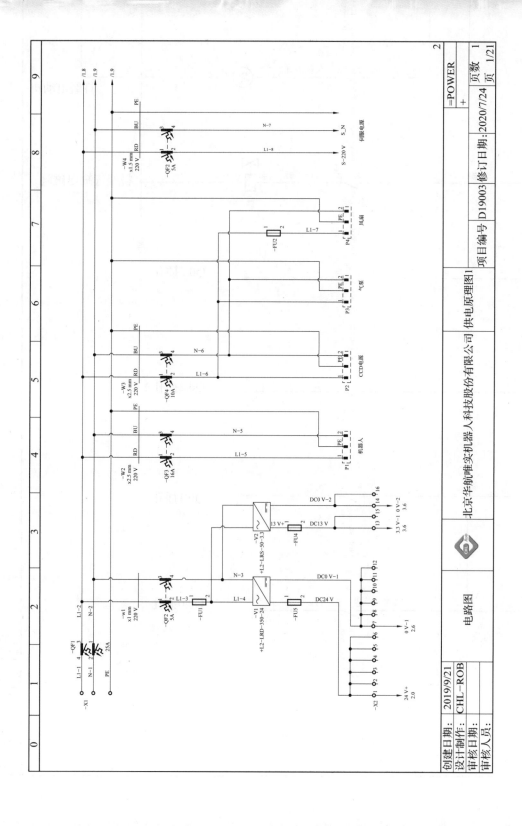

《 175

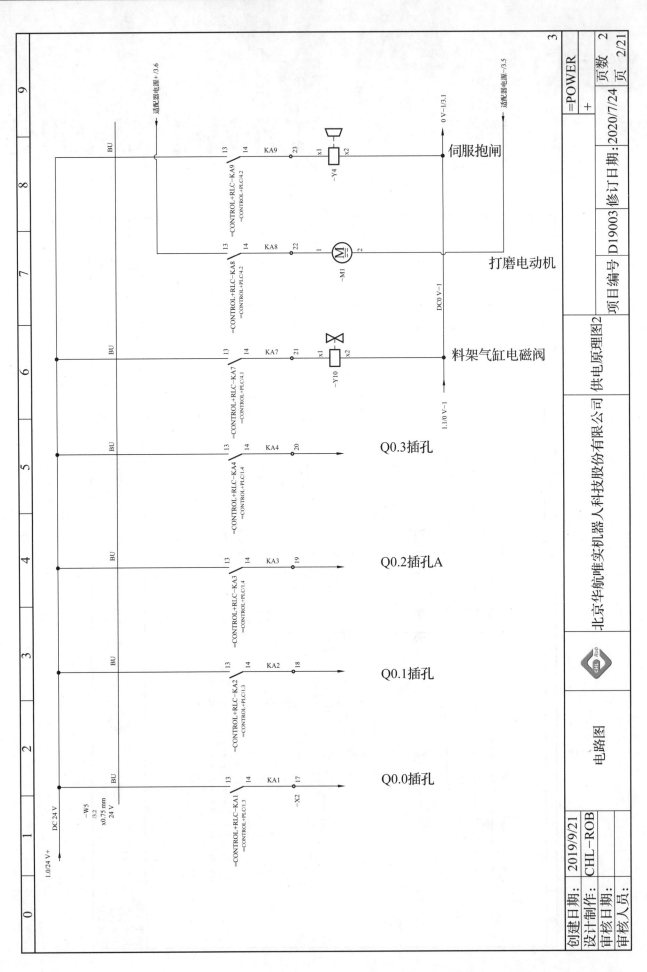

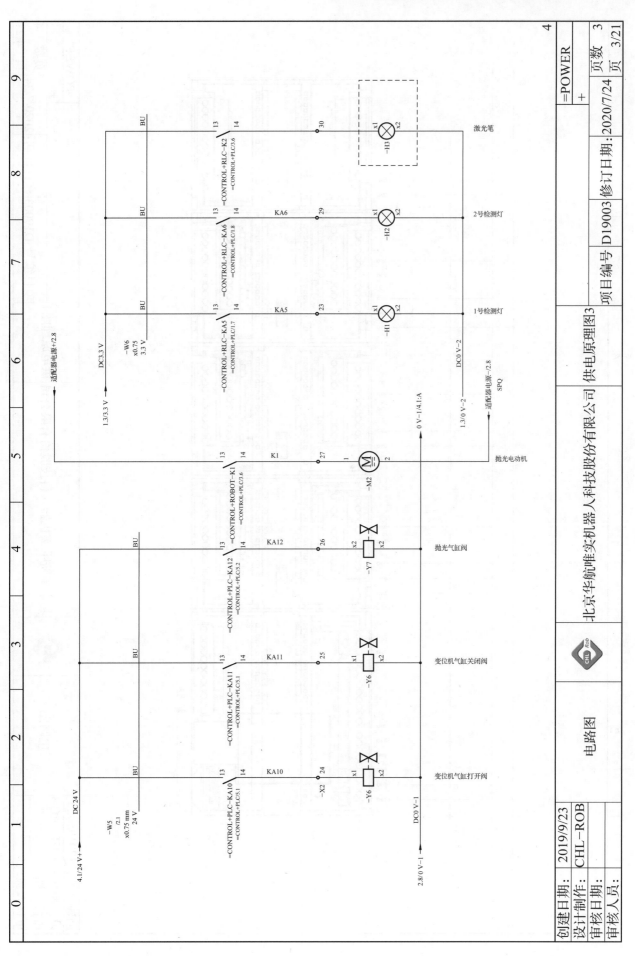

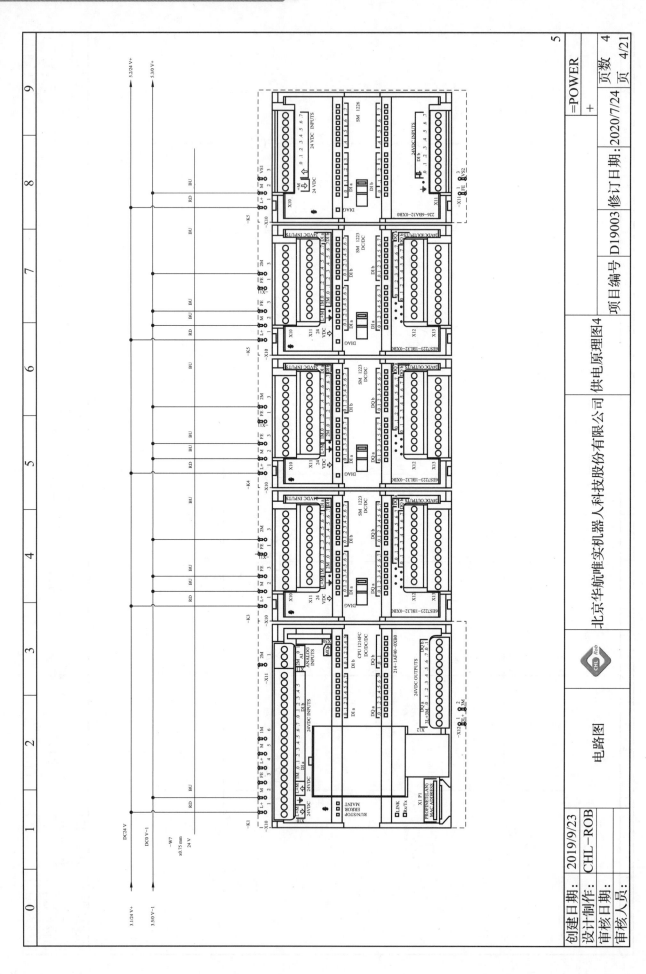

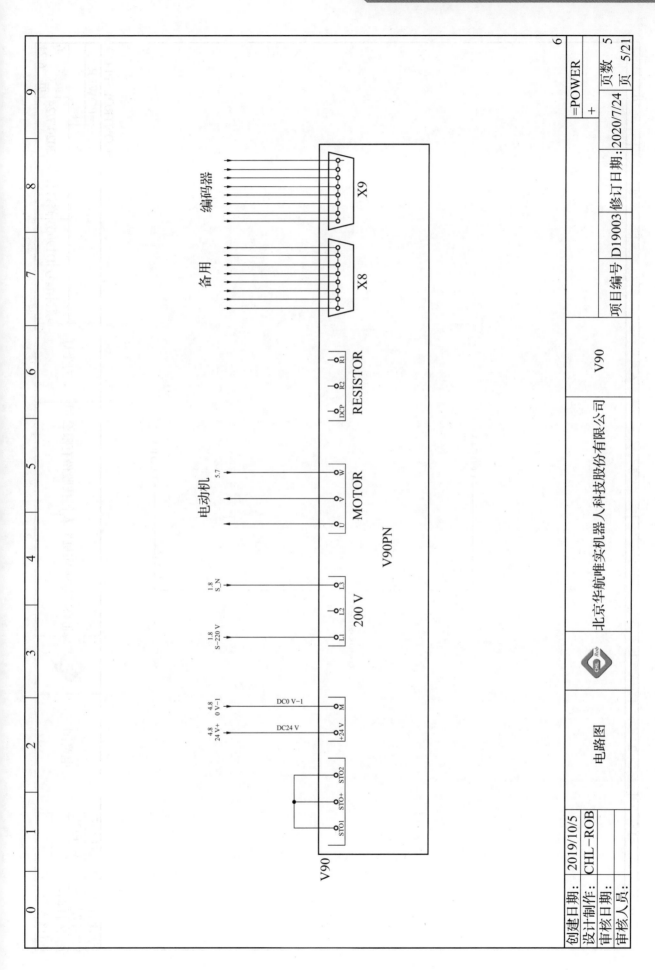

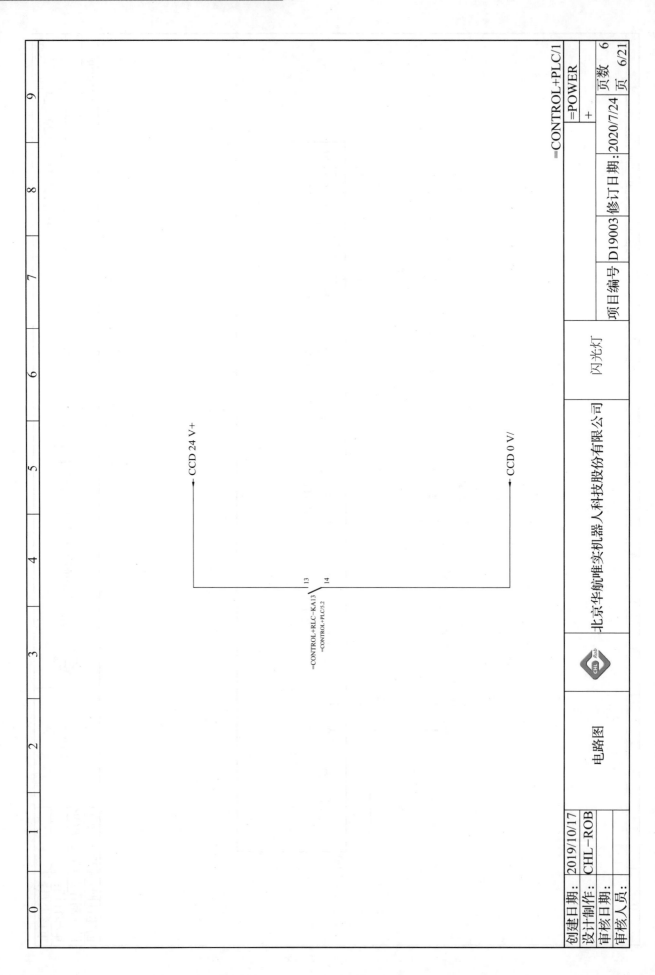

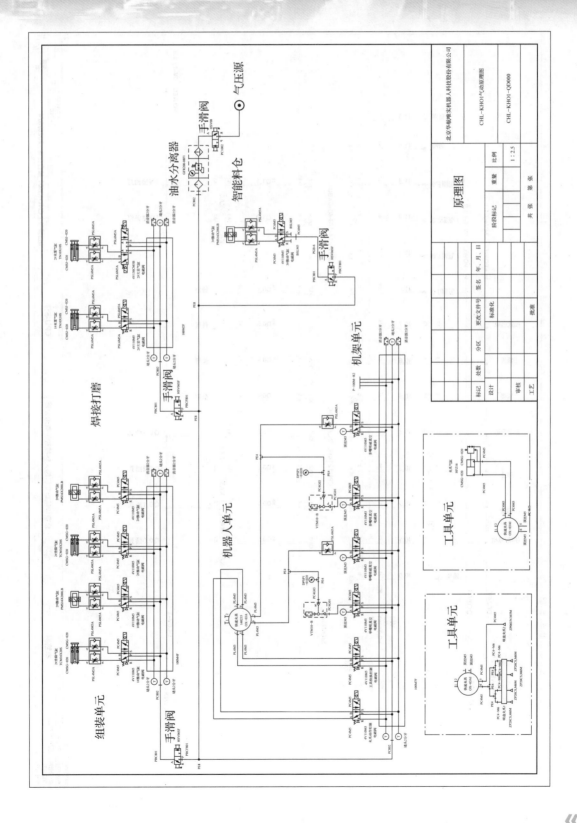

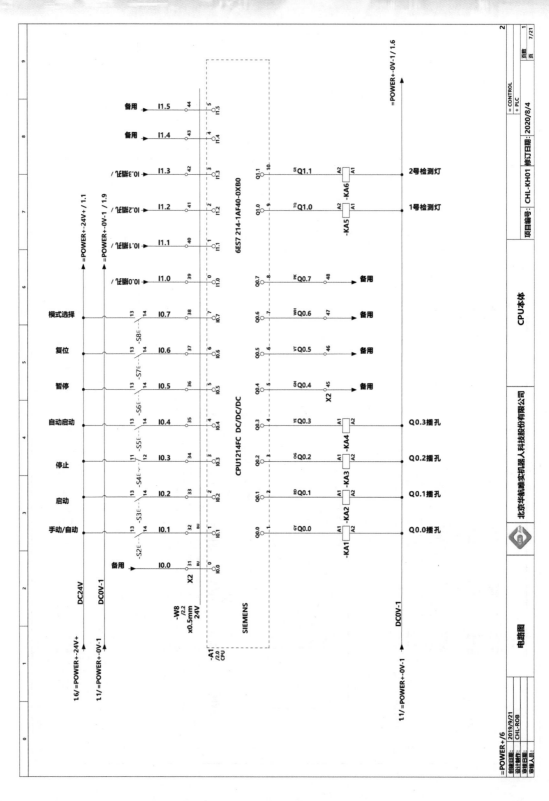

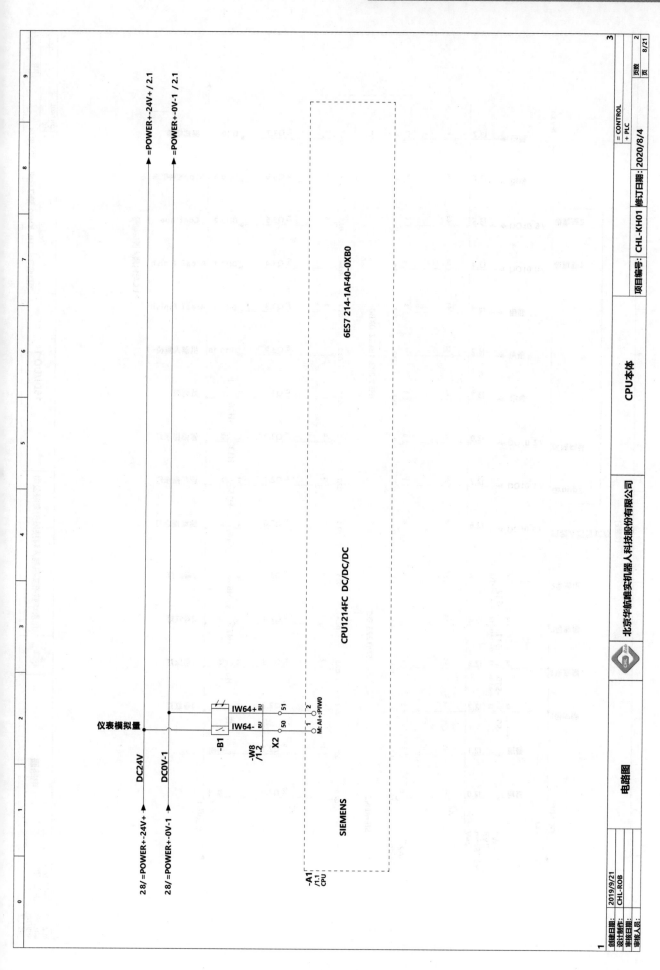

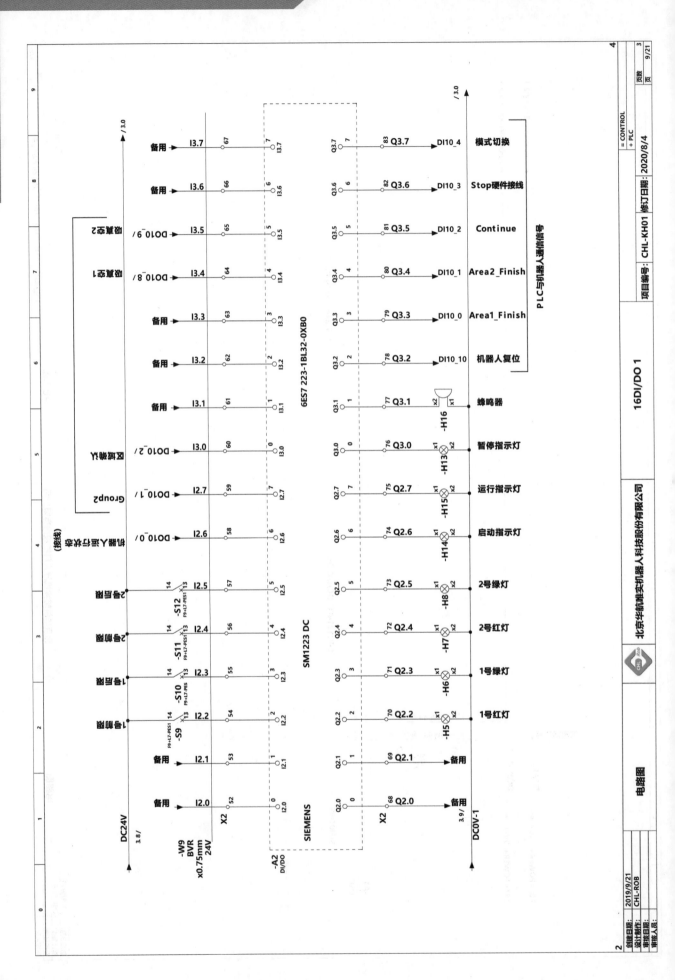

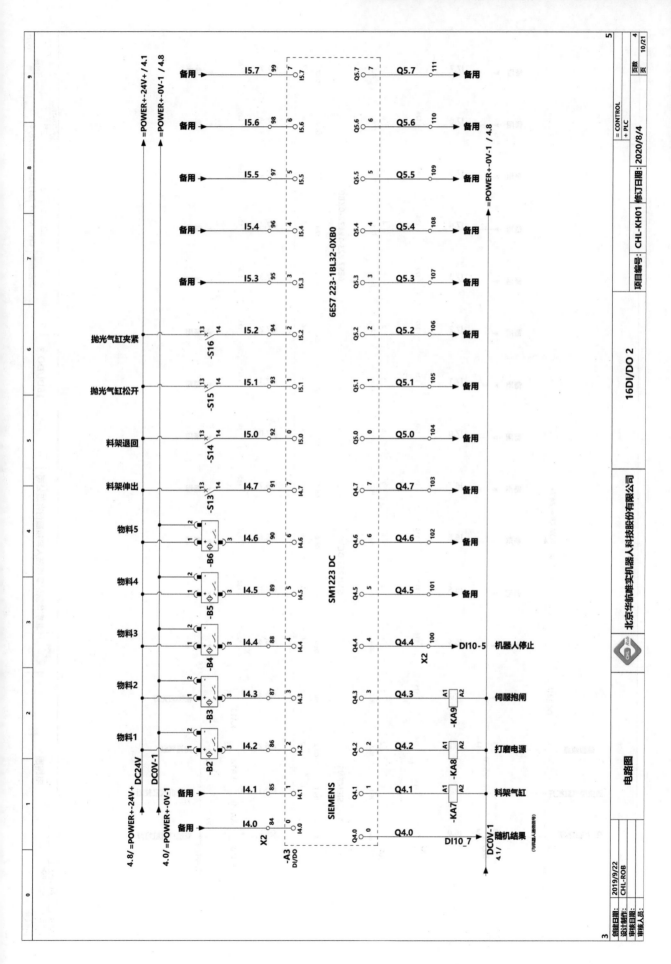

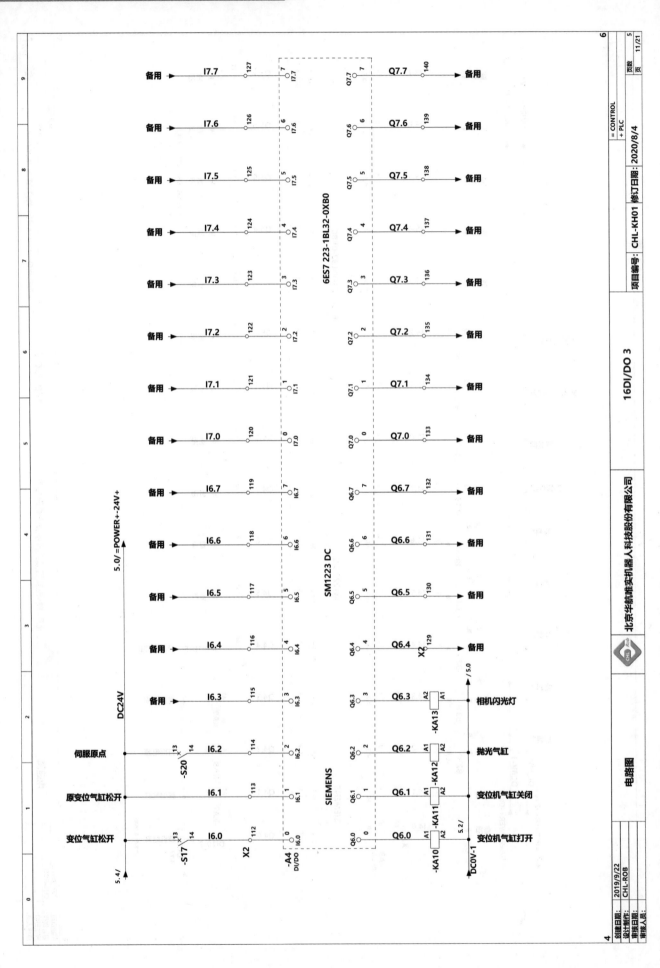